未读 ADR | 探索家 |

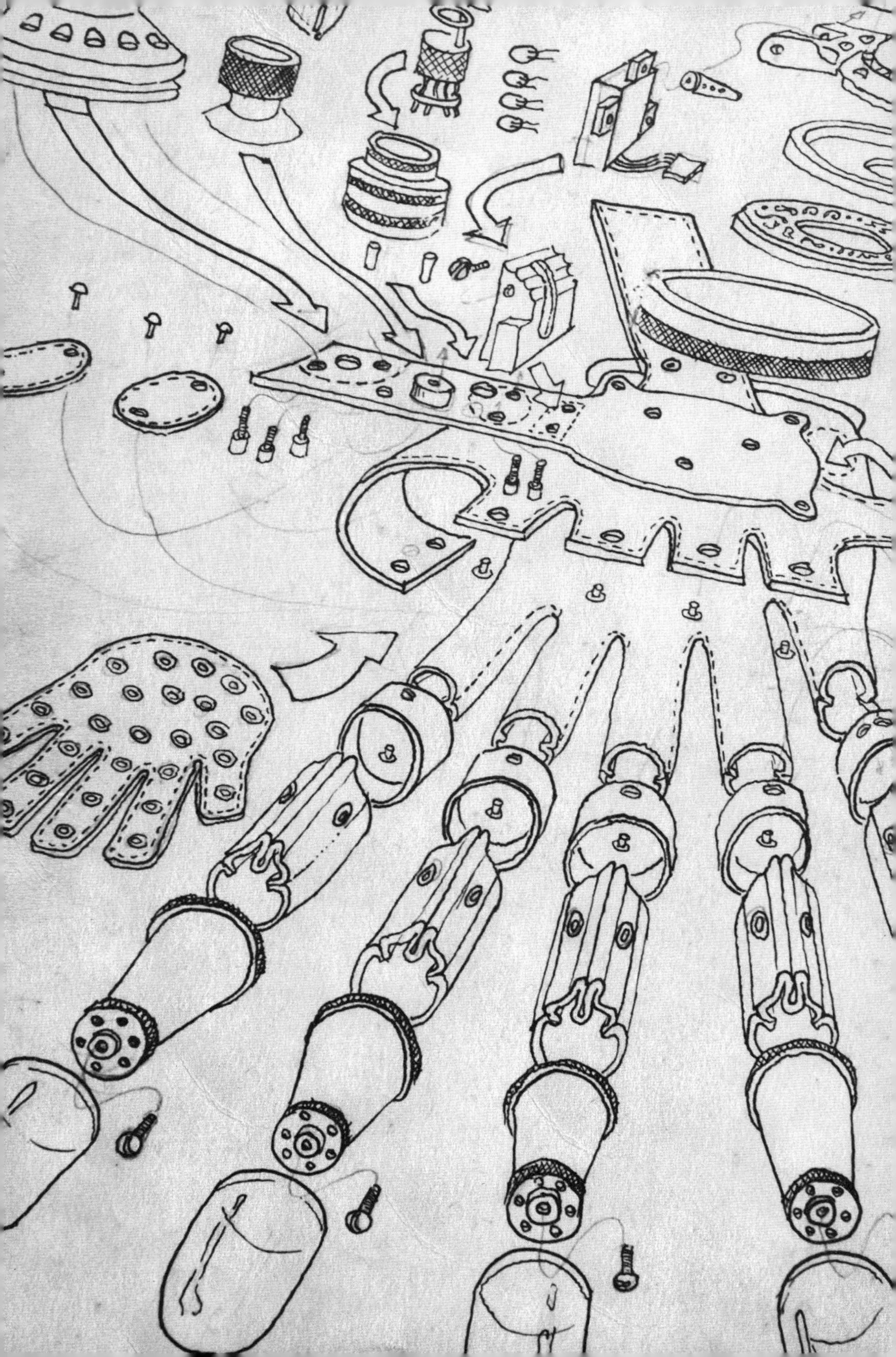

Every Tool's a Hammer

所有工具都是锤子

一个超级创客的自我修养

[美]亚当·萨维奇——著　　王岑卉——译

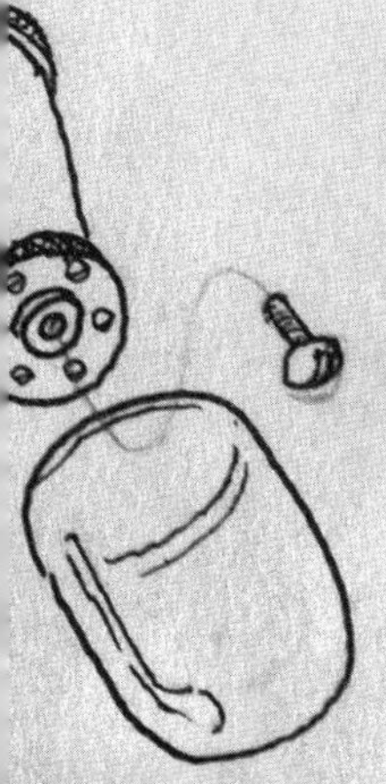

天津出版传媒集团
天津科学技术出版社

著作权合同登记号：图字 02-2021-201

图书在版编目（CIP）数据

所有工具都是锤子：一个超级创客的自我修养 / (美) 亚当・萨维奇著；王岑卉译. -- 天津：天津科学技术出版社，2021.11

书名原文：EVERY TOOL'S A HAMMER

ISBN 978-7-5576-9742-6

Ⅰ. ①所… Ⅱ. ①亚… ②王… Ⅲ. ①玩具－制作 Ⅳ. ①TS958

中国版本图书馆CIP数据核字(2021)第216135号

所有工具都是锤子：一个超级创客的自我修养
SUOYOU GONGJU DOU SHI CHUIZI：YI GE CHAOJI CHUANGKE DE ZIWO XIUYANG

选题策划：联合天际・边建强
责任编辑：滑小愚
出　　版：天津出版传媒集团 / 天津科学技术出版社
地　　址：天津市西康路35号
邮　　编：300051
电　　话：（022）23332695
网　　址：www.tjkjcbs.com.cn
发　　行：未读（天津）文化传媒有限公司
印　　刷：天津联城印刷有限公司

未讀 探索家

关注未读好书

未读 CLUB
会员服务平台

开本 700 × 980　1/16　印张 18　字数 270 000
2021年11月第1版第1次印刷
定价：68.00元

献给我的家人，以及世界上其他所有创客。

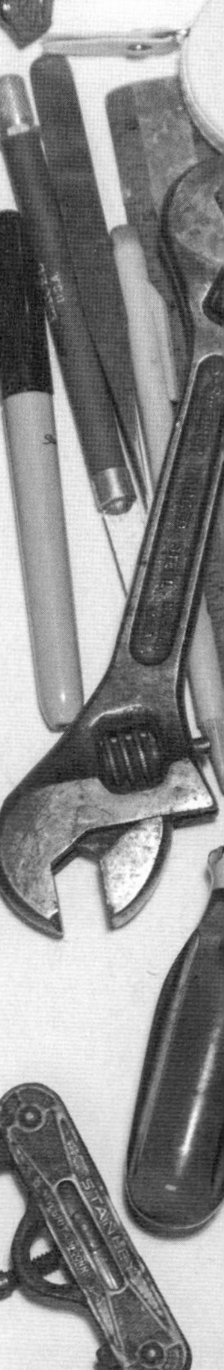

目录

序言

制造不光包含实实在在的建造，还包含舞蹈、缝纫、烹饪、谱曲、丝网印刷等。无论是从字面意义还是从象征意义上看，它都独辟蹊径。正如我的朋友、美国前总统奥巴马的白宫高级制造顾问[1]安德鲁·科伊所说，“制造”不过是给人类最古老的活动——“创造”换了个新名字。

从我记事起，制造就一直是我前进的动力。它也是我一辈子，或者说是近乎一辈子的事业。20世纪80年代中期和90年代初，我是纽约和旧金山剧院舞台上的多面手；后来，我为广告和电影制作模型；最后，我成了《流言终结者》(*MythBusters*)[2]的制作人，作为一名科普工作者，忙碌了14年，在节目中炸掉了一大堆东西。

功成名就的人撰写回忆录时，往往会将自己的经历描述得从一开始就目标明确——径直攀上高山，走向成功的巅峰。人们通常会认为，此人出于命运安排或个人抱负，一生都在朝着某个目标前进。无论他们的目标是赢得奥运会奖牌、创立《财富》500强公司还是登上月球，故事的发展似乎总是差不多。他们的人生看起来像一条直线。但事实上，这种

1 是的，那是他的正式头衔。

2 《流言终结者》，美国一档科普电视节目，由特效专家亚当·萨维奇（本书作者）和杰米·海纳曼（Jamie Hyneman）主持，两人利用自身的专业技巧，验证各种广为流传的谣言和都市传奇。——译者注

人少之又少。我的故事就肯定不是这样的。

我的人生故事更像是一条有很多分岔的路：我有个大概的前进方向，也隐约知道自己想成为什么样的人——乐高设计师！《星球大战》特效专家！但真正走到每个岔路口时，我往往会根据当时的情况和机遇做出选择。有些选择是正确的，有些选择是错误的，有些选择当时看起来很古怪，但随着时间的推移会显得越来越正确，例如加入《流言终结者》节目组。

《流言终结者》为我和搭档杰米·海纳曼带来的粉丝并不多，但全是铁杆粉，因为当时还没有供年轻创客分享的社区，但这并不是说我是某种意义上的开拓者。恰恰相反，我是跟随前几代创客的脚步，走在他们努力开拓的道路上。不过我认为《流言终结者》之所以大受欢迎，原因之一是我们做的事有点儿不同寻常。尽管我们能从粉丝身上看到，很多人都热爱从无到有地制造东西，但似乎很少有人举起锤子来做我感兴趣的事。真正动手实践并用心制造自己在乎的东西，这样的年轻人实在是太少了，他们很少动手创造。

导致这种情况的原因可能有100万种：20世纪八九十年代，初高中手工课的课时被大量削减；过分看重硕士学位；投身科技、金融领域成为一个人能有更大发展的主要方式；还有数量过多的电子屏幕。不过我既不是社会学家，也不是人类学家，对自己目睹的东西难以做出详尽的解释。我只是发现，寻找优秀的年轻创客群体，分享创意这件事变得越来越困难了。

从2005年前后开始，情况发生了变化。这在一定程度上要归功于快速成型技术的发展，例如3D打印机、开放源代码软件和宽带。这场DIY创客运动的崛起，使得年轻人、弱势群体以及纯粹出于好奇的人重新开始学习、教授、分享怎么做东西。我还要对戴尔·多尔蒂致以深深的敬意。他在2005年创办了《创客》(*Make*)杂志，这份杂志可谓更新升级版的《大众机械》(*Popular Mechanics*)，我感觉这就像把我最疯狂的梦想变成了现实，它可谓是这个领域的王牌，通过可供动手的项目和可供学习的技艺，催生了多如满天繁星的创意。

不久之后，美国加利福尼亚州圣马特奥县举办了创客盛会，并诞生了一个创客社区。我可以自豪地说，我从一开始就参与其中。从它初次举办以来，我几乎每年都要在会上做演讲。随着时间的推移，它已被称为我的“年度主日布道”(虽说起初的若干年里我根本不知道这个说法)。每年我演讲的主题都不一样，但在演讲最后，我不可避免地会劝诫，敦促大家继续创造，继续突破自己，不断地突破自我认知的极限。我一直所反对的就是“活力四射、创意无限的人无法拿起工具”，无论出现这种现象的原因是什么，是公众的冷漠、缺乏获知渠道、官僚主义的惯性、社区的漠不关心，还是教育界的歧视，我都不畏惧。世界需要更多的创客。

演讲结束后，我会花几个小时同其他创客见面，那是我一年中最爱的时刻。我们会分享故事，合影，我还会问大家手头在做什么，制造的热情总会帮助他们克服紧张的情绪。只要给创客一个机会，问问他们最近在忙着做什么，他们就会滔滔不绝说个没完，停都停不下来!

创客盛会举办的头几年，有个年轻人走过来，有点儿悲伤地对我说：“我没有制造，只是写代码。”我经常听到这种说法，“我没有制造，只是……”请自行填空。写代码、煮东西、做手工(以上是我想到的一些例子)……人们硬生生地编造了很多例外情况，将自己置于创客俱乐部大门之外，这真的让我很生气。因为这么对自己的人，或是这么告诉他们的人，简直是大错特错。

“写代码就是制造！”我热情洋溢地告诉那个年轻人。每当我们受到触动，从无到有地动手制造东西，无论是像椅子这样的实物，还是像诗歌那样更为短暂、虚幻的东西，我们都是在为世界做出自己的贡献。我们通过言辞、双手、声音或者身体过滤自己的经验，为文化注入前所未有的东西。事实上，我们不是将自己的造物融入了文化，我们制造的就是文化！把原本不存在的东西带到这个世界上，正是广义的“制造”。这意味着我们每个人都能成为创客，成为创造者。

每个人都有宝贵的东西可以贡献，事情就是这么简单，但这并不容易做到。因为我们的造物在赋予我们力量和洞见的同时，也会暴露我们脆弱的一面。我们的痴迷能让我们弄清我们是谁，想成为什么样的人，但也能暴露真实的自我。它会揭露我们的古怪、不安、无知和缺陷。即使是现在，五十一岁的我在写下这本书的时候仍然惊恐地发现，自己在写作过程中暴露了许多弱点。

在写这本书之前，我根本不懂怎么写作。就像我一生中学到的大多数东西一样，我是在写作过程中学会写作的。这个过程复杂得令人吃惊，而且相当艰难。正如后面的章节中会提到的那样，我喜欢极度复杂的项目。所以从理论上说，这种事我应该应付得来。但实际情况是，想用几万字理清一团乱麻的思绪，我压根没有做好准备。我想到了许多靠写作维生的作家朋友，真想对他们脱帽致敬，因为写作是一件很难的事，还很吓人。我希望这本书既有浓郁的个人特色，又有教育意义。老实说，对自己努力的成果，我的满意程度远远超出预期。所有创客都要冒类似的风险：每个项目中的障碍都可能跟解决方案一样多；每个项目都可能无法取得令人满意的结果；其他人也可能对结果不满意，并迫不及待想要告诉你。

我认为这就是许多人在青春期都很焦虑的主要原因之一。当我们开始瞥见真实的自我，开始了解这个世界是如何让人着迷与好奇的，我们常常会遇到那些不懂得鼓励别人，甚至是对“与众不同”的人心怀敌意的家伙。在哪种情况下敞开心扉是安全的这件事情上，这可能是一个人早年的可怕教训。从这个意义上说，向别人展示自己的好奇与痴迷，就是向他们暴露自己脆弱的一面。当我的狗在地上打滚，露出肚皮让我挠的时候，它们就是在向我暴露弱点，展现对我最大的信任。

此外，小孩子可能会很残忍。虽然不是所有孩子都这样，但这足以使很多人为了自我保护，在青春期就已经学会隐藏真实的自己，放弃了创造的兴趣和本能。如果你能找到可以信任的人，愿意向他们暴露自己脆弱的一面，也许能获得些许安慰。这些人包括知交、社会团体和同道中人。所以说，如果你想找到跟自己志同道合的人，历史上没有比此时此刻更好的时机了。尽管如今的互联网更像是大纲或索引，还远未能实现“成为全人类知识汇编”的承诺，但它的闪光点在于，全球各地的人都能借此找到志同道合的发烧友，与他们分享自己的创意与真实的自己。这是切实的好处。当我们找到同道中人，就相当于获得了探索、狂喜和分享的许可证。

这本书是我与你分享我的探索之旅的一次尝试。它是我一生的编年史，也是我一辈子汲取的教训。它还是一份许可，我给你发放的许可——你有权抓住你感兴趣的、让你着迷的东西，并深入其中，看看它们会把你引向何方。你可能并不需要这份许可，如果是这样的话，那就太好了！请继续前进，去做一番大事吧！不过，我在过去曾有很多次需要这份许可。每当我找到它，它都能帮我揭开关于自身乃至世界的秘密，它让我成为一个更优秀的男人，一个更出色的创客，以及一个更好的人类个体。

人类天生就会合作。我们是探险家，也是社会化的动物。我们想要分享自己的故事，而正是这些故事使人类在地球上显得如此独特。我指的是看得见、摸得着的“独特”。章鱼和乌贼可能在它们的群体中发表伟大的推想小说[1]，虎鲸或灰狼可能会在同类之间分享充满讽刺意味的口述史，但在我们能破译它们之前，地球上只有人类能通过交换自己的所见所闻，不断深化对宇宙的理解。制造是并且一直是我们分享故事的主要方式之一。

在写作过程中，我对本书结构进行了多次调整。你手里拿到的这本书其实与我最初构想的已经相去甚远。这很有趣，因为事实上，我现在能清楚地看见贯穿全书的一条主线：我们造出的东西永远不会跟原本设想的一模一样；这是个优点，而不是缺陷；这就是为什么我们要动手去做。创造之旅绝不是从A到B的一条直线，如果是那样就太无趣了。它甚至也不是从A到Z，因为那就太容易预测了。它是从A延伸出的无数条斑马线！于是，有趣的事发生了。它会让我们大吃一惊，进而改变我们。

本书主要分为四部分。第一部分探讨了创造的动机和创造的物理学。我认为对健康的痴迷是将我们与所做的事情联系起来的引力，尤其是当你想在任何事情上都做得出色的时候。这一部分探讨了如何利用痴迷来寻找创意，并将创意化为现实。

1　推想小说（Speculative Fiction），一种综合超自然和未来元素的叙事性小说类型，包括但不限于科幻小说、奇幻小说、恐怖小说、超自然小说、超级英雄小说、乌托邦和反乌托邦小说等。——译者注

第二部分探讨的是观察自己的工作方式，并在观察过程中学会更好地工作。我探讨了在从事不熟悉的工作时，如何“技能不够，时间来凑”，以及什么叫作“磨刀不误砍柴工”。最后，我将提到如何在工作环境下了解你和你的工作习惯，并将这种认知扩展到了解其他人，以及如何与其他人分享你制造的东西。虽然制造通常都是独立完成的，但我发现大家一起做会更有趣。

第三部分探讨了“tolerance”一词，这个词既包括工程学意义上的“公差”，也包括一般意义上的“容忍”。当我们说要教孩子如何“失败”的时候，其实并没有说出全部的真相。我们这么说的意思是：创造就是迭代，就是反复试错；我们需要给自己留出空间，试着去追求那些我们想要但可能无法得到的东西。每段旅程都难免会走弯路。正如美国黑色幽默作家库尔特·冯内古特常说的，它们是“上帝给凡人上的舞蹈课”，而我们最不愿意看到的就是自己的孩子跳得笨手笨脚。

第四部分关注的是致力于此的组织，尤其是创客的工作空间。我相信每间工作室都是创客理念的实际体现。在了解自己的理念后，你就能调整自己的做法、习惯和制造方式。

最后，《所有工具都是锤子》这本书是故事与指南的大杂烩。这很适合我，因为我的个人特色就是兼收并蓄。我在创新方面是个多面手，在统筹安排方面也想成为大师。因此，每个前车之鉴与成功的故事中，都蕴含了一堂关于工具、技能和材料的课程，它们共同塑造了我身为创客的一生。老实说，我认为教训应该比成功的故事多。但写作越深入，我站在权威角度发声就越谨慎，因为我的长处不在于精通各项个人技能（在这方面，我最多算是中等水平），而是将众多技能结合起来，纳入“工具箱”，用于解决生活中方方面面的难题。值得一提的是，我的“工具箱”里还有一大群出类拔萃、鼓舞人心的制造者和创造者。我很幸运地在本书写作过程中咨询了他们。他们真诚热心地介绍了自己的工艺技巧，激励我写下了这本书。我希望这本书也能给你带来启发。阅读关于制造的书总会让我双手发痒，想要动手做点儿东西。如果这本书能让你也这么想，我想我的目的也就达到了。

咱们这就开始吧！

第一章

刨根问底

“我怎么才能迈出第一步？”在四十载制造生涯中，我被问到这个问题的次数远远多于其他问题。表面上这个问题很容易，但其实答案并不简单。针对单一项目，我的回答通常是“好吧，这得具体问题具体分析”。这主要是因为创造和制造拥有独特的内在机制，涉及惯性、动量、结构衔接、摩擦、断裂等物理概念。因此，你所造物体的物理法则将决定你要怎么迈出第一步。

但大多数时候，人们真正想问的是：“当我不知道要制造什么的时候，怎么才能迈出第一步？”这就让问题从“实实在在的制造”变成了“内在心理层面上的构思与灵感”。我渐渐开始相信，这个问题的答案存在于一个更伟大、更基本的物理原理，即牛顿第一定律之中：静止物体将永远保持静止状态，除非受到外力作用。也就是说，如果你想迈出第一步，就需要（从身心两方面）化为让小球滚动起来的外力，克服无为和犹豫不决的惯性，开始培养真正的创造力。

出于对速度和试验的痴迷，我很少遇到“迈出第一步”的问题，也不难想出新创意。我这人总是眼大胃口小，脑袋里总有源源不绝的新点子，要担心的不是下一个项目做什么，而是时间不够、资源不足。

我知道这可能会让我在某些创客圈子中显得与众不同，还可能会激怒其他人。但我向你保证，这跟我的任何特殊技能都没什么关系，只与我痴迷的性格特征有关。根据我的经验，从无到有地创造任何东西都至少需要一点点痴迷。痴迷是制造的原动力，它推动着事物，将它们结合在一起，并赋予它们结构。热情（“痴迷”好的一面）能创造出伟大的事物（例如好的创意），但如果它变成执迷不悟（“痴迷”坏的一面），就可能造成巨大的破坏。身为创客，你最终会收获什么样的结果，很大程度上取决于你如何发现、投身并管理自己的痴迷之源。

我从来都是一个好奇心很强的人。多年来，有无数东西吸引着我的眼球——历史、科幻小说、电影、公共场所的建筑物、机械计算机、胶水、乐高积木、诅咒、魔术、讲故事、《星球大战》、物理学、哲学、盔甲与武器、魔法与怪兽、新式工具、迷你赛车、宇航服与太空飞行、动物的意识、蛋类……我想要刨根问底、想弄清楚的物品清单一眼看不到头。值得庆幸的是，我儿时就得到了父母的支持，他们赞助了我的多次探索之旅，还鼓励培养我与生俱来的兴趣。我父亲是一名艺术家，母亲则是一位心理治疗师。我真的很幸运。如果我对某样东西感到好奇，他们就会允许我去探索它。当我不知该怎么做的时候，他们会为我提供探索的工具。在某种意义上，我认为我的父母一直试图让我用好奇心做些有建设性的事，而不是瞎搞恶作剧。不过，我小时候确实搞了不少恶作剧。从小到大，我的父母一直很重视让我追随兴趣，无论它们会将我引向何方。他们知道，如果我被好奇心指引着前进，会更可能利用探索成果做出一番事业。

情绪自察对孩子来说是一项艰巨的任务，哪怕对成年人来说，这种事也很棘手。用语言来表达情绪实在是太难了，在公众场合表达情绪可能会遭人嘲笑，也会加剧这种表达的难度。对我来说正是如此。青少年时期，我根本不知道该怎么形容《星球大战》、科幻小说或“阿波罗号”宇航员带给我的感受，怕一说出口就会被以一种不确定的方式塞进储物柜。于是，我将激情和感受藏在了心底。对于满腔热情、创意勃发的年轻人来说，这种情况并不少见。我的与众不同之处在于，我虽然隐瞒了自己的感受，但并没有将它们扼杀殆尽。如果你的家人不支持，往往就会发生“扼杀感受”的情况。我没有这么做，而是让它们在心底滋长，直到脑海完全被它们占据。

从这个意义上说，我的父母真正做的事情是，通过激发我的好奇心，为我痴迷的创意大开绿灯。我为此将永远感激他们。他们的鼓励向我表明，我刚刚萌生的痴迷并非一文不值，而是极为宝贵的。我的迷恋极具价值；我的好奇心就像一种货币，可以用来深度探索外部世界乃至自身。他们给了我追逐“隐秘激情”的许可。

追随你的隐秘激情

隐秘激情随时随地都可能出现。如果你碰巧像我一样是影迷或建筑迷，它可能是推动你心爱电影情节向前发展的麦高芬（MacGuffin）[1]，也可能是你每天上班或上学途经的建筑物表面风化部件上的铜绿。如果你留心的话，这些东西就会吸引你的眼球；如果你放任不管的话，它们就会萦绕在你的脑海中。有时候，它们甚至会让你在自己的想象空间里激动不已，产生想要深入了解、拥有、改造它的欲望。像这样刚刚萌芽（也可能已成熟）的激情正是创意的来源。

根据我的经验，在追随这种隐秘激情时，随着你不断刨根问底，创意会从木工活里蹦出来，会从大树上掉落下来。不过，很少有人会追逐那种激情，人们甚至可能将它视为放纵或分心，对其不屑一顾。其中几乎包含着一种无声的羞辱。这就是为什么很多人都对这种隐秘激情秘而不宣。多年来，我已经数不清有多少次，人们走上前来跟我聊天，几乎不情愿地压低声音承认，他们对我做过的事或是我追求的爱好感兴趣。这种人往往坚信，全身心投入这些事，就像是对切实存在而又重要的人生琐事的逃避。但我以为，这些追求是人生的重要组成部分。它们不光

1 麦高芬，大导演希区柯克的惯用“诡计”，指在电影中可推动剧情的物件、人物或目标，例如一件众角色竞相争夺的东西。——译者注

是爱好，还是激情所在，是充满意义的。我学会了全心全意将精力投入这些领域，那些既能为我们提供施展空间，又能给自己带来欢乐的领域。

我很幸运能追随自己的隐秘激情直至成年，进而在职业生涯中取得成功。但就算我没法靠它谋生，如果我能在业余时间里追逐那些激情，我仍然会不断创造东西。

这与我过去追求的其他短暂兴趣和偶然掌握的技能（例如杂耍或戏剧表演）形成了鲜明对比。对于一时的兴趣爱好，一旦能力超过中等水平，就会被我抛在脑后。由于年轻时的兴趣爱好太多，我不知该怎么做到最好，也没有为此倾注过多的心血，我是“比平庸稍好一点就行”的忠实信徒。

二十岁出头的时候，我意识到自己可以在制造这条路上追求（也许能取得）真正的高水准。从那时起，我就不顾一切，一头扎了进去。这从根本上提升了我将已经拥有的旧技能与希望获得的新技能结合起来的能力。它也使我更愿意承认，自己能做的事存在一定的限制。例如，我很想成为一名电影编剧。编剧看问题的视角很特别。他们的大脑构造独特，能够完全通过叙述过滤自己的体验。随着时间的推移，它会成为一台高度协调的机器，能够进行角色设计、世界构建和剧情延伸。从本质上说，编剧就是会讲故事的人类3D打印机。

但我早就知道，这不是我大脑的工作方式。我就算绞尽脑汁也编不出曲折离奇的情节。并不是我希望它有所不同。事实上，我觉得自己大脑的运作方式也不错。我并不认为这是个缺陷，反正我也不需要写剧本。每个人在世间行走的过程中，都会形成自己解读和重述世界的方式。每个人都有分享自己故事的独特方式，这意味着每个人得到创意的方式都不一样，表达创意的方式也不一样。这就是“文化”得以形成的神奇之处。

你的大脑是怎么运作的？你的隐秘激情是什么？你怎么解读自己的世界？编剧只是创造故事的一种方式，我的大脑赋予我的特殊技能是制造实实在在的物体。虽说最终得到的不是电影剧本，但这个技能帮了我大忙。我觉得这样也挺好，因为制造东西总能给我带来不同的感受。制造东西能充分调动我的大脑，这胜过我学过的其他任何技能。我的大脑和双手结合起来，总能碰撞出奇妙的火花。只有在制造东西的时候，世界在我眼中才是有意义的。这就像我的超能力！

我的造物热情集中体现在角色扮演上。角色扮演最基本的做法是打扮成电影、小说、动漫中你最喜欢的角色。不仅仅是穿上角色的服装，还要进入作为角色的那个她、他或者它之中。我将它理解为互动式戏剧，而不是独角戏。我酷爱角色扮演，它一直是我的激情之源，也是无穷无尽的创意源泉。我喜欢的很多项目都是这一爱好的产物。我对角色扮演的热忱是大胆且明确的，至少目前还是如此。不过事情并不总是那么简单。你瞧，角色扮演（或是几乎所有能引起隐秘激情的兴趣爱好）的问题在于，它虽然很有趣，但也可能带来麻烦。因为，我们热爱的事物会让我们变得不堪一击——这也许正是我们羞于承认自己热情所在的缘由。

早在高中时期，我就迷上了角色扮演。"角色扮演"这个词当时还没被发明出来呢。那个时候，我刚刚爱上电影这种艺术表现形式。刺激多重感官的叙事方式和层次丰富的世界构建使我大受震撼。那是20世纪80年代初，对一个痴迷科幻冒险、太空歌剧和奇幻史诗的青少年来说，那是一段令人难以置信的美好时期。它们启发我创造出自己的装扮，让幻想的世界趋近现实，也让自己置身于那些场景中——当然，是在我家的私密环境里。我只有在万圣节才会将这种隐秘的欢乐公之于众，因为那是展现我创意灵感的绝佳时机。我怀疑，很多人都是从万圣节开始迷上角色扮演的。

十六岁那年，我和父亲从英格兰导演约翰·保曼的电影《黑暗时代》中汲取灵感，制作了一套完整的盔甲。万圣节那天，我穿着它去上学了。我们花了好几周时间研究考证，材料用的是铺屋顶的铝板，那感觉就像是由无数铆钉精心打造而成的。我没日没夜地修改调整，直到穿着完全合身。我穿上后感觉棒极了，只有一个小小的结构性问题——我没法坐下。如果我既想穿盔甲又想看清老师在教室前方黑板上写的字，就得背靠着墙站在教室最后面。我很乐意做这个取舍，而且感觉自己做了更明智的选择。不幸的是，第三节课刚上到一半，我就开始全身发烫，在数学课上，我顺着墙壁一点一点往下滑，眼前发黑，最后砰然倒地，晕了过去。醒过来的时候，我汗流浃背地躺在学校的医务室，浑身上下只剩内裤，自制盔甲也不知去了哪里。那一幕真是令人尴尬。

第二年，我从电影《疯狂的麦克斯2：公路勇士》中汲取灵感，用重量较轻的金属制作了一件前臂护甲。我把铝板改造成臂甲，增添了一些炫酷的标志和未来主义涂鸦，然后为了让它看起来更逼真，又在地下室一堵脏兮兮的石墙上反复刮擦，做出末世废土那种饱经风霜的效果。万圣节那天，我佩戴臂甲去上学，身穿破旧的机车皮夹克，脚蹬与电影男主角麦克斯一样的厚底靴。后来我才知道，那就是所谓的“宇宙内”[1]装扮——不是经典，但属于正典之列。它戴起来和看起来都很酷。事实上，那比穿全套盔甲还要酷。

---

1 宇宙内（in-universe）中的“宇宙”是指影视剧或小说中的虚拟世界，与现实世界相对。——译者注

不过，我的同学亚伦可不这么看。他拿我的装扮开玩笑，虽然也不是太尖酸刻薄，但足以让我火冒三丈。我一向不爱跟人发生冲突，通常发生这种事的时候，我都会缩回自己的壳里，耽于自己痴迷的世界中。但这一次没有。这套装扮让我感到浑身充满力量（后来我发现，角色扮演常常能发挥这种效果），仿佛化身成了在末世艰难求生的麦克斯。我昂首挺胸，对亚伦反唇相讥。在我的脑海中——或者应该说，在我化身的麦克斯的脑海中——故事发展到这一步就应该结束了。我避开了亚伦的进攻，然后成功反击，亚伦应该被击败了才对。

但亚伦显然并不这么觉得。“哎呀，快来看亚当，胳膊上挂点铁皮，就以为自己是超人了！”他嘲弄地大喊，惹得其他同学哈哈大笑。

亚伦只用一句话就刺穿了我的护身盔甲。他把我看透了，然后利用这一点来对付我，暴露了我一直保守的秘密。在那一瞬间，我意识到，这种东西能赋予我力量，带来脱胎换骨般的感受，但如果放任不管，它也可能背叛我，让我感觉自己不堪一击。随着年龄的增长，我多次得到了同样的教训。

例如2009年，《流言终结者》有一集旨在揭秘经典电影中虚构的桥段。在电影中，英雄和恶人经常从高层建筑的屋顶和窗户跳下，落入小巷中安全的垃圾箱里，然后轻而易举地爬出来逃跑。但现实生活中，普通垃圾箱里的东西有多硬，或者有多软呢？跳进去的时候遇上什么材质是最理想的？垃圾箱里的理想材料真能救你一命吗？这些都是我们打算回答的问题。

剧情设计出来以后，显然我和杰米·海纳曼需要自己跳下去。这就引出了那一集包含的两个环节：一部分是训练，另一部分是真正的实验。从视觉叙事的角度来看，我希望我们在两个环节的服装有所不同。

在训练环节，服装组给我们准备了运动服，背后贴着热转印的“特技初学者”字样。在实验环节，我作为节目中的正式试跳者，为我们穿哪种服装拍出来效果更好，又能符合那一集的主题绞尽了脑汁。

那一集是在旧金山湾区中部的金银岛消防训练基地拍摄的。我坐在一座建筑物顶端眺望东湾区，视线落在现已废弃的阿拉米达海军基地。那是《流言终结者》与汽车相关的最大几起流言的拍摄地，也是我最喜欢的科幻系列电影——基努·里维斯扮演救世主尼奥的《黑客帝国》中一系列镜头的拍摄地。就是它了！尼奥可谓跳跃领域的传奇，多次从屋顶和窗户一跃而下。我心想，我可以轻易地打扮成尼奥的样子，从6米多高的屋顶跳进垃圾箱，看起来一定很棒。尼奥在电影《黑客帝国》中身穿标志性的长款风衣，那是导演沃卓斯基姐妹为了电影效果特别挑选的，在我们的节目中肯定能起到同样的效果。

于是，我开始精心准备合适的尼奥同款服装，但没有告诉其他剧组人员。

长款风衣：从线上购物网站易贝（eBay）购入。

欧克利牌20型XX太阳镜：已有。

多搭扣及膝机车靴：迅速冲向旧金山海特街买来一双。

第二天在拍摄实验环节之前，我跑到自己的车里换衣服。每穿上一件尼奥的服饰，我都激动万分。但当我从车后走出来，进入全体剧组人员视野范围内时，我发现很多人都在窃笑，强忍着不大笑出声。那一刻，我的心情十分复杂。我完全暴露在光天化日之下了。在我年轻的时候，这对我来说会是一场噩梦，还是慢镜头播放的那种。在我的脑海中，别人的低声窃笑会化为公开嘲弄——就像恐怖电影《魔女嘉莉》中嘉莉在毕业舞会上那样。不过，《流言终结者》剧组人员的笑是善意的。我已经跟其中大多数人合作了五年，自始至终我们都是一家人。他们窃笑是因为他们清楚我有多投入。

打扮成尼奥让剧组工作人员看到了我鲜为人知的一面。我一直对此秘而不宣，是因为我觉得有点儿尴尬。不过，我很快想起了自己为什么要穿成这样：我知道，当我从高空一跃而下，落入装满泡沫塑料的垃圾箱时，那件长款风衣会在我身后猎猎飞舞。用高速摄影镜头拍出来，视觉效果会很炫酷。没错，它看起来确实棒极了。但我也意识到，我与两个版本的自己进行了一场交流：我冲高中时期的自己大喊“没关系的，张扬你独特的一面吧”；与此同时，我也提醒成年后的自己要继续追求我想要的东西——哪怕我知道那些玩意儿有点儿古怪，并且说不清楚自己为什么如此迷恋它们，因为追求它们是我一生中所做每件事的动力。

《流言终结者》第7季第19集《垃圾箱缓冲垫》(*Dumpster Diving*) 中的这个高速摄影镜头至今仍是我的最爱。

尼奥外套是我为节目精心准备的第一套服饰。它引出了《流言终结者》未来剧集中的其他无数变装，进而启发了我在未来漫展中的装扮构想和Tested.com网站上的视频。Tested.com是我的个人网站，专门展示各式各样的制造过程和工具。从某种意义上说，那天我在金银岛做的事是给自己发放了许可证，允许自己追随年轻时痴迷的东西——追随它们带来的隐秘激情，一直走到最后，无论我会在那里发现什么。因为有些时候，你在那里发现的东西会是你这辈子最棒的创意。

从职业上看，我是个创客；从气质上看，我是个讲故事的人。但首先，我将自己视为“发放许可的机器”。美国散文家拉尔夫·沃尔多·爱默生在《自立》一文的开篇说道：“相信你的想法，相信你打心底相信是真的的东西，对所有人来说都是真的——那就是天赋。”十八岁第一次看到这篇文章时，这句话带给我的震撼特别大。直到今天，它仍在我脑海中不停地回荡。通过个人体验获知的、最深刻的真理，放诸四海而皆准，它让我们与彼此、与周遭世界相连。我发现，这一真理是打开羞耻和自我怀疑枷锁的钥匙。它为你提供了充分展现个性的空间，给你精神上的自由，让你去关注自己感兴趣的东西。对于我们这些创客来说，它也是通往创意与创造的金光大道。

深入内心寻找灵感

我们每个人都在试图理解这个世界，包括我们在其中的位置，以及万事万物互相关联的方式。我们既通过自己选择讲述的故事了解自身和周围的环境，也通过别人为我们讲述的故事来了解。我承认，有时候故事的来历有些令人尴尬。我清楚，角色扮演并不是世界上最有用、最无私的高尚事业，也不会自欺欺人地认为，角色扮演能让世界变得更美好。

不过，我关注自己感兴趣的事物，然后将过程、成果与别人分享，是为了激发别人的创意或灵感，就像其他人的作品能激发我的灵感一样。关注自己的隐秘激情促使我踏上了创客之旅。“全身心投入你感兴趣的事”这个建议并不疯狂，但我们都知道，这条路走起来并不容易。

除了深入内心寻找创意之外，我还是“自发灵感”的坚信者和实践者。阿洛·格思里是一位出色的词曲作家，也是美国传奇民谣歌手伍迪·格思里之子。他不相信词曲作者会自己写歌。他曾说：“歌曲就像鱼儿，你只需要把渔线投进水里就行。”按照他的观点，如果词曲作者坐在河边，把渔线投进潺潺溪水中，时不时就会有一首歌曲游过来。如果运气够好，或是技巧足够高，鱼儿就会在游走之前咬钩。当然，事情并没有格思里形容的这么简单，这一点就连他自己也意识到了。“在鲍勃·迪伦的下游钓鱼不是个好主意。”他总结道。无论如何，迪伦拥有格思里所能想象到的最好的渔线，最好的鱼饵、鱼钩，还有最好的渔网。如果你坐在鲍勃·迪伦的下游，只要能看见一条漏网之鱼，就算是奇迹出现了。

这当然是个浪漫的比喻，但也说明了一个问题：创造往往带有自发性和偶然性，是可遇不可求的。灵感可能会突然降临，你很难将这完全归功于天意：一个看似随机出现、极其古怪、令人惊叹的点子，竟然解决了困扰你已久的难题。当然，要想让这个点子出现，通常需要做大量的前期准备工作：磨炼自己的技艺，深入关注最新技术，努力应对并解决更多棘手的问题，对日常生活的世界保持敏感。这些是各领域专家共同的做法。一般来说，在尚未达到专家水准之前，他们就在这么做了。

我还记得我第一次灵光乍现时的情景。当时我才五岁，本该睡个午觉（那是所有精彩的大冒险发生的时段），但我没有，反而抱着玩具泰迪熊“叮当”（这个昵称来自它耳朵上戴的铃铛。由于经年累月且饱经蹂躏，原本清脆的铃声已经变成了哑钝的咔嗒声）偷偷溜出卧室，钻进了父亲的工作室。当时我们一家人住在纽约北塔里敦，我父亲把屋后的车库改造成了一间（在孩子眼中）奇妙无比的艺术工作室。对他来说，那里既是谋生之所，也是一方净土。他是画家、动画制作人、电影制片人兼插画师。那间工作室里堆满了书本、纸张、亚光板和画布，还有各式各样的颜料、成盒的炭笔、彩色粉笔、彩色铅笔、绘图笔、作画工具和尺子，以及随处可见的能激发他灵感的图片和素描。

那间工作室里有好奇心强、满怀创造力的孩子想要的一切，而我父亲只给我立了几条规矩：首先，他提醒我，不能在没有人监督的情况下进去捣乱；其次，还一条更为具体的禁令：别碰单刃剃须刀片。关于这条禁令，不存在“如果”“还有”或者“但是”等例外。作为父母，这条禁令的明智是不言而喻的。但在年幼的我眼中，那些刀片就像是万圣节糖果和牙仙钱做的，因为每次我走进工作室，它们都会从宽大工作台后面的盒子里向我发出召唤。不过，我一直跟它们保持距离。我更珍视能进入这个神奇空间的机会，而不是那些锋利薄片散发的神秘诱惑力。

不过，在我努力赶走睡意（我五岁时坐在河边的一个场景）时，脑海中突然浮现了一个关于叮当的点子，而这个点子需要那些刀片。叮当已经很旧了，右眼变了形（因为某天晚上放得太靠近壁炉），铃铛也不响了，爪垫也破了。我想画一幅画，记录它刚来到我身边时的模样。如此一来，它就永远都是崭新的了。

我从架子上扯下一张彩色绘图纸，铺在父亲的桌子上。我把叮当放在纸的中央，细致勾勒出它的轮廓，再画上它的面部特征。我希望别人知道我画的是谁，于是尽最大努力（虽说也好不到哪里去）在它的一条腿上写上“叮当”，另一只腿上写上“萨维奇”。我画的实在不怎么样，看上去就像你嘴里塞满吃的还张着嘴说话。然后，我给它的爪子画上了肉垫。事实上，我此前也在玩具熊的真身上画过好几次，但随着清洗和磨损，画上的爪垫不可避免地消失了。看着画面上的黑色墨迹渐渐风干，变成一个永远不会消失的深色爪垫，再拿它跟玩具熊爪上最后几个淡得几乎看不见的肉垫作比较时，我突然意识到，我其实可以把纸上的叮当做成自己想要的任何东西。

但要做个什么呢？消防员叮当？我不确定。会空手道的功夫大师叮当？也许吧。

等后来我有了自己的孩子，孩子将毛绒玩具当作护身符的理由就变得显而易见了：它们是不同于你的独立物体，但它们也是你。它们是海

纸制叮当·萨维奇，约1972年。

绵，也是镜子，更是你的投射。在你的叙述中你带它们历经的冒险，正是你自己的冒险。你将自己想要的东西、喜欢自己的地方和不喜欢自己的地方统统投射到它们身上。它们就是你的全世界。

事实证明，我也是这么对待叮当的。因为我给它添上了一件漂亮的蓝背心、一条有金搭扣的时髦腰带，胸前还有超人的标志。为什么？这些显然是我自己想要的东西。我想成为一名超级英雄。我想要……我也说不好……打扮得像电视喜剧《全家福》（*All in the Family*）里的“呆瓜”一样？（我要给自己辩护一下，那时候是20世纪70年代初。）

经过一次次调整润色，纸上的叮当变得越来越真实，越来越像我。但它仍然被困在那张棕色厚纸里，永远只能是一幅画。如果我希望它实现抱负（我确实特别希望），就需要把它从纸张的禁锢中解放出来。这时，我耳畔响起了单刃剃须刀片如海妖塞壬一般充满诱惑的歌声。我要做的就是从盒子里抽出一片，剥开保护性的硬纸板包装，然后小心地沿着身体轮廓把叮当割下来。它将不再只是一张泰迪熊的画，而是一张拥有小熊形状的泰迪熊的画——我的小熊，叮当·萨维奇。在五岁的我心目中，它会变成真的。于是，我向诱惑屈服了，纸上的叮当·萨维奇获得了自由。

我举着它跑进屋里，向父亲炫耀，后果当然可想而知。我猜他会以为我用了剪刀，可他一眼就从颈线（叮当脑袋和身体的交界处）看出，我是用剃须刀把它带进三维世界的。用今天成年人的眼光来看，我五岁时用刀片切割出的小熊的轮廓令人印象深刻。可在当时，我最惊讶（同时松了一口气）的却是我的父亲竟然没有生气。事实上，他对我的作品相当满意，还亲手把它裱了起来。这就是为什么它一直保留到了今天。

我想自己之所以能逃脱惩罚，是因为我虽然违反了工作室的使用规定，却遵循了这个场所真正的使用初衷——我进工作室是有理由的，而且显然没有捣乱；我有了一个创意，然后付诸实践了。那是儿时的好奇心第一次引导我去制造，而不是搞恶作剧。这个简单的转变正是我父亲一直等待的。转变发生后，禁令放松了，我得到了更多的信任和机会。但当时的我还不知道，它将开启我毕生的创意探索。

我一直不知道类似的灵感何时会再降临。它降临的时机通常相当微妙，但我已经适应了它的存在，因为我一直努力与自己生活的世界保持联系。这并不容易做到，尤其是对年轻的创客来说。请相信我，我很清楚，因为我深有体会。当那些让你激动不已的爱好被人嘲笑或嗤之以鼻时，你会本能地逃避，将自己与他们、与外界隔绝开来，变得愤世嫉俗、走向异端，成为一个厌世者。说白了，就是变成莫里西[1]。但我相信，创意之河不会在孤独之处流淌。孤独意味着荒凉、贫瘠，满怀创造力，却在这种地方荒度时日，只会让你的内心干涸而死。

你必须深入挖掘

关注那些让我兴奋的东西，致使我迷上了角色扮演。积极投身周遭世界开阔了我的眼界，让我看见了无穷无尽的创意。不过，还有另外一种寻找灵感的方法。随着年龄的增长和经验的累积，我越来越依赖它，这种方法就是刨根问底。换句话说，就是尽最大努力深入挖掘你非常关心、总是萦绕在你脑海中的事物。通过这种方式，我培养了自己的另一大痴迷点与创意宣泄口——道具复制。

1　莫里西，英国殿堂级创作歌手，20世纪80年代另类摇滚乐团史密斯合唱团主唱与作词家，所写歌词充满文学气息又饱含轻蔑嘲弄，提倡素食主义与动物权利，以特立独行著称。——译者注我毫不掩饰自己对电影以及电影艺术这一媒体的热爱。在我心目中的拉什莫尔山，斯坦利·库布里克、雷德利·斯科特、特瑞·吉列姆和吉尔莫·德尔·托罗并排而立，他们是电影界对我影响最大的四位大佬。其中，美国鬼才导演库布里克给予我的灵感最多。尖锐的社会评论、厚重的幽默感和对人们怪癖与小缺陷的热爱，使他执导的每一部影片都能引起我的共鸣。

2013年，我在洛杉矶艺术馆参观了库布里克展。展览的主题是我很感兴趣的，展览又是展方与库布里克家人密切合作筹办的，我期望那会是一次身临其境的浸入式体验。

我错了。它比我想的还要棒！

洛杉矶艺术馆的库布里克展披露了许多鲜为人知的内容。展览展出了大量珍贵资料，横跨库布里克的整个导演生涯。他的每一个电影制作环节都有记录：库布里克亲手批注的剧本、写满拿破仑生平研究笔记的卡片目录、戏服与道具、摄像机与镜头、手绘设计图、微缩模型和惊人的幕后花絮。对于任何一位库布里克的影迷来说，那都是一次精神洗礼。

那天为了给自己留出足够的时间好好参观，我一大早就去了艺术馆。我放慢脚步，细细观赏整个展览，确保没有放过每张照片、微缩模型的每个细节、每一帧能看到的镜头。一切都令人兴奋不已。但有一件道具，一件奇特的道具，让我的内心大受震撼。我盯着库布里克的个人摄影设备发呆，久久无法挪开视线——那可是拍摄史诗巨作《巴里·林登》用的镜头啊！后来，我转过一个拐角，映入眼帘的是一个巨大的玻璃陈列柜，里面摆满了电影《奇爱博士》中用过的道具，正中央是刚少校的救生包——这部精彩而荒谬的电影中一件迷人的小道具。

电影《奇爱博士》中刚少校的救生包看似简单，等目睹实物才发现出奇地复杂。

救生包里有什么呢？我们在影片接近结尾处看到刚少校时，他是这么说的：

“检查救生包内容，你会发现里面装有一支0.45口径自动手枪、两盒弹药、四天量的应急压缩口粮；若干药品，包括抗生素、吗啡、维生素、兴奋剂、安眠药、镇静剂；一本袖珍俄文会话手册与《圣经》合辑；价值一百美元的卢布；价值一百美元的黄金；九盒口香糖；一盒避孕套；三支口红；三双尼龙丝袜——天哪，这些玩意够去拉斯维加斯过一个不错的周末了……”

好一份清单！

事实上，在那一刻之前，我只是把刚少校的救生包单纯视为电影叙事工具。现在，它就摆在我眼皮底下，是个实实在在的物件（里面当然还有其他物件），这让我激动不已。这是我早在十几岁到二十出头就已经熟悉的感觉。那时我住在布鲁克林，为了帮我朋友们的电影制作布景和道具，混迹于纽约大学电影学院附近。每当这种感觉涌现出来，我都不得不扪心自问："如果我自己也做一个怎么样？"答案永远是"如果？！"一旦产生这个想法，我就必须去实现它，哪怕它需要花上几年的时间才能开始或者结束。

正如我在这本书里多次提到的那样，我喜欢涉及多个方面、纷繁复杂的项目。这件道具，这座库布里克的"金矿"，正是我喜欢的项目。通过洛杉矶朋友的关系，我被允许在一个月后，也就是展览结束后的第二天再来参观。馆长允许我戴上棉质的白手套，仔细观察并测量刚少校救生包里剩余的东西和每样东西的细节。事实上，剩余的东西并不是太多，大概只有清单上列出的五分之一。显然，我要做的工作还有很多。

这项工作需要更深入的挖掘。深入挖掘库布里克展让我产生了复制救生包的念头。但要真正将背包制作出来，还需要深入挖掘这个包本身。

不过，"深入挖掘"到底是指什么？对一名制造者来说，这意味着要审视你对某件东西的兴趣，解构它带给你的兴奋；意味着要弄清为什么这件东西始终吸引你的关注，它有什么魔力能让你流连忘返；意味着要全身心投入你所痴迷的事物。

我曾经问过导演吉尔莫·德尔·托罗，他是否相信所有伟大的电影都有一个共同点，这个共同点将它们联系在一起。他回答说，当局者迷，拍电影的人永远不知道那会不会是一部伟大的影片，但你可以确定，所有伟大影片背后至少都会有一名坚定的拥护者。那个人通常是导演，但也有例外。那个人活着、吃饭、睡觉、呼吸，不惜为此耗尽自己全部的激情、创意和痴迷，都是为了把电影拍出来。

但我们这个社会始终对痴迷存在质疑。在青少年和成年人身上，痴迷通常被视为一种恶习，一种负担，一种顽疾。那些随随便便就能把强迫症这种真实、严重的疾病与专注的热情和信念混为一谈的悲观的诊断师，只需加上一个连字符，就将痴迷变成了一种疾病。他们认为，痴迷某样东西（任何东西都行）的人要么是疯子、瘾君子，要么就是脑子有病。人们甚至无法容忍这样的说法：某人可能沉迷于某样东西，但心智却很健全。这确实很可惜，因为谈到创意、创造、成功的时候，痴迷往往是走向卓越的起点。它会激发新创意，严格地督促人们竭尽所能，将其变成现实。由于刚少校的救生包里有八成东西都不见了，只有痴迷会促使我去补全，甚至做到最好。

我的朋友比尔·多兰对此知之甚详。他和我一样，也是一名道具制作师兼资深角色扮演同好。他和妻子布列塔尼利用自己对道具和角色扮演的痴迷，做起了全套的道具制作生意，名为“惩罚道具”。他们还在视频网站YouTube上开设了自己的频道，相关视频教程深受欢迎。对比尔来说，痴迷不仅仅与灵感有关，还是对抗物理学相关结构性故障和犹豫不决的驱动力。

“不管你做的是什么，不管你有多出色，总会遇到不知道怎么做、材料出差错、时间不够用，或者是别的什么问题。如果你不是全身心投入，不是对那件东西完全着迷，你就会停下来。”我们谈及他纯粹基于痴迷制作的第一件巨作——超级炫酷的第三人称射击游戏《质量效应》中薛帕德中校的盔甲时，比尔说，“但如果我沉浸其中，极度亢奋……瞧瞧那边那个玩意！在做完它之前，没有什么能够让我停下，什么也不行！”

这正是刚少校救生包给我的感觉，也是我制作的每一件道具给我的感觉。我制作的第一件道具是科幻电影《银翼杀手》中落魄警探里克·狄卡使用的爆能枪。在那以后，我大约花了三十年时间来完善这件道具。事实上，从1985年第一次看《银翼杀手》算起，我制作过三个不同版本的狄卡配枪。随着我的经验越来越丰富，技巧越来越娴熟，每个版本都比上一版好，也更接近影片中的原版道具。

在那三十年里，我从纽约搬到了旧金山，先后为多家剧院制作布景，作为道具制作师参与了杰米·海纳曼同其他人拍摄的数百个广告，作为模型制作师参与了光影魔幻工业特效公司十几部电影的制作。我结了婚，有了孩子，跟杰米做了一档延续了十四年的电视节目，后来还经历了再婚。而这些事情都没能让我忘记制作爆能枪，我脑海中一直在琢磨它。如果我不是在实实在在地打磨零件，我不会重看《银翼杀手》的重要片段，或者在网上研究枪支制造方法。我也会联系可能认识见过或使用过原版道具的人，他们或许会愿意告诉我，要把哪两种枪拼凑起来，才能做出这把令人叹为观止的科幻枪械。只有这样，我制作的最新版爆能枪才能跟原版一模一样。

正是这种痴迷，让我在库布里克展的所有道具里选择了救生包。也正是这种痴迷，让我制作出了它的复制品。

在深入研究这些细节时，我脑海中浮现出了一系列基本问题：为什么电影中会出现一个救生包？它想告诉我们什么，为什么它对库布里克重要到一定得让它出现在镜头中？如果你没看过《奇爱博士》，我想解释一下，那是一部讲述核事故导致世界末日的荒诞影片。一名行为失常的美国将领深信苏联人想偷走自己珍贵的体液，从而引发了一系列事件，导致美国轰炸机携带核弹头飞进苏联境内。美苏当局合力解决这一事件，召回了所有轰炸机，但有一架飞机被击中受损，只能离地数

电影《银翼杀手》中警探里克·狄卡使用的爆能枪：第一版（1987年），第二版（1996年），第三版（2008年）。

百米飞行，恰好避开了美苏双方的雷达探测。外号“金刚”的刚少校率领美军无畏的轰炸机飞行员，摇摇晃晃地朝着最终目的地进发。飞行员们先后执行了可能成为自己最后一项任务的各项操作，其中一项就是检查携带的救生包，以防需要从驾驶舱中弹射逃生。好莱坞著名演员斯利姆·佩金斯饰演的刚少校通过无线电念完救生包内的物品清单后，俯拍镜头显示飞行员们尽职尽责地驾驶战斗机紧随其后。这是影片紧张叙事中一个古怪又可爱的小插曲，仿佛为影片结尾带来了一缕清新的空气。这很幽默，也很伤感：你看着他们数着口香糖和尼龙袜，以一种镇定自若与专业精神履行职责，走向几乎必定死亡的结局，这在电影中是独一无二的。

我由此发现轰炸机机组人员是影片中最能干、最专业的角色，这一点绝非偶然。我认为导演想向观众传达这样一个事实，即战争的悲剧在于它往往是由白痴设想出来，由专业人士动手实施的。库布里克显然跟我一样热爱老套的对话。在他执导的每一部影片中，老套的对话都会以某种形式出现。这些对话不一定能推动情节发展，却能让观众深入了解影片展现的世界。

我脑海中冒出的第二个问题是：为什么是这些物品？在研究过程中，我收集并记录了从“二战”到《奇爱博士》电影描述的时代发给飞行员的各类救生包。库布里克的制作团队显然很专业。刚少校清单上列出的绝大部分物品都出现在当时的救生包中。但说到口红、避孕套和尼龙长筒袜之类的玩意，情况就变得有点儿诡异了。现实中的救生包里通常根本不会出现这些东西。[1]

1 美军会给士兵分发避孕装备，但据我所知，救生包里从来没有出现过避孕套。

于是，问题就变成了：库布里克加入这些东西是为了说明什么？我个人认为，他这么做是为了加入新的叙事线，表示轰炸机飞行员有可能活下来。他是在告诉观众，在他创造的那个荒诞世界里，美国飞行员为了逃脱，可能需要拿黄金贿赂苏联男人，或者拿口红和丝袜贿赂苏联女人。仅仅是加入这几件物品，库布里克的大脑就像3D打印机一样，为他创造的荒诞世界增添了一个层次，并将另一条支线情节（如果这些飞行员活下来了，他们要如何逃脱？）植入了我们的脑海。

这些问题不是我随随便便提出来的。它们源于我对一件看似普通道具最微小细节的深入研究。我在探索之旅的尽头找到了答案，这些答案也告诉了我该如何复制那个背包和包里的物品，该使用哪些材料，以及为什么它们是必不可少的。复制救生包的念头源于我对幻想电影叙事的痴迷，以及理解它们和它们对我意味着什么的浓厚兴趣。通过研究和复制，我对这位电影制片人有了更深刻的了解。他的工作一直吸引着我，给了我无穷的灵感，乃至在未来几年里，我复制了更多库布里克电影中的道具。

接受自己的大脑

我一直觉得，成就任何伟大的事情都需要一个好创意，并以追求卓越的精神将它化为现实。对我来说，这些创意大多来自对我自己、我所处的世界、我周围的环境、我的文化背景和我的兴趣爱好的彻底审视。每当我被别人的作品（无论是故事中的某个角色，还是电影中的某件物品）深深打动，想要化身那个角色或复制那件物品，其实我只是想弄清楚它为什么会打动我，然后用实体形式捕捉那一抹灵感的火花。但我也意识到，对每个人和每次创作，灵感和创意的产生都是独一无二的。

我如何构思我的故事，如何获得创作灵感，通常都源于我对电影的热爱，但你的创意可以来自任何地方。它们就在那儿，飘浮在空气中。你的兴趣和痴迷会把它们吸引过来，使它们成为你独有的东西。如果你能感觉到那股吸引力，发现有东西引起了你的兴趣，那就请多加关注吧！无论你是一个提出假设的科学家、面前摆着一张空白画布的画家，还是怀中抱着一把吉他的吟游诗人，与兴趣产生共鸣是每个创造者的义务。我们每个人都有大脑，也有能力运用大脑做出非凡的成就，但具体用它们来做什么，则完全取决于你。

我保证，除此之外，并不存在什么“迈出第一步”的神奇公式。你只需要拥抱周遭的世界，关注自己感兴趣的事物，追逐它们带来的亢奋，同时你永远不要害怕深入研究它们，沉迷于它们。如果有必要，就对它们刨根问底，直至找到那个一直在等你去发现的伟大创意。

第二章

列清单

年轻的时候，如果你让我在开始一个项目之前列出待办清单，我一定会断然拒绝。列清单对我来说就是扼杀创意！清单是件令人乏味的工具，象征着井然有序、有条不紊、能够测量无聊透顶的世界。创意就像彩虹桥，是张开想象力的翅膀，开启一段激动人心的灵魂翱翔……诸如此类。用“清单”这么基础又平庸的东西束缚想象力的翅膀，不但是一种罪过，更会事与愿违。列清单只会拖我的后腿，让我速度变慢。它是“灵光一闪”与创造过程之间的阻隔。

我认为，在人生中的某个阶段，很多有创造力的人都会这么看待像列清单这样的规划工具：规划适用于家长，清单适用于会计师、教师、政府官员和其他所有压抑创造力的人！但问题在于，清单并非独立于创造过程，而是创造过程中固有的一部分。它们是大大小小项目的有机组成部分，不管我们喜欢与否。我高中毕业后住在布鲁克林，自诩为年轻的拾得艺术家，原则上拒绝在任何项目开始时列出实体清单。哪怕是在当时，每次我开始工作时，我的大脑仍然会试图给眼前的所有物品分门别类。而所谓的“分类”，不就是列一份系统的清单吗？

如今我已经爱上了清单。我喜欢长长的详细的清单，也喜欢突破常规的大的清单。我喜欢把未经分类的清单整理成大纲形式，然后再根据不同主题将其分门别类。我做的每个项目都会涉及制定清单。当然，我列清单是为了做整理，也可能是为了做评估、找动力、缓解压力，以及提升自己的创造力并解放思想（虽说十八岁时的我觉得这有悖直觉）。我会列每日清单、项目清单，还有“订购物品”清单。我会列出我想同时进行的研究项目、与我正在合作的人员，以及他们需要从我这里得到哪些支持。我会列出需要购买的东西、需要寻找的东西，以及所有东西该在什么时候抵达我手中。此外，还有一份“最终阶段”清单，告诉我项目已经进入尾声了。这听起来很像苏斯博士[1]做的事，但我知道，这个类比并不愚蠢，因为清单能给大大小小的项目带来节奏和意义。

我第一次意识到自己对清单有天生的兴趣，还要追溯到1979年。那时我十二岁，我的父母刚刚为家里装了有线电视。在那之前，我跟所有同龄人一样，家里的电视只能收到六七个频道，其中包括哥伦比亚广播公司、美国全国广播公司、美国广播公司三大电视网，美国公共广播公司，以及充斥着粗制滥造节目的UHF频道——十年后歌曲恶搞专家艾尔·扬科维奇凭借同名电影走红。[2]但是，有线电视！噢，我的天啊！转瞬之间，你有了五六十个新频道可供探索。像任何一个即将进入青春期、住在郊区的孩子一样，我在有线电视上拼命挖掘在广播电视台上看不到的东西。

我很快就挖到了金子！1979年上映的核灾难电影里，有一句台词叫“孬种王八蛋”，我就是通过这句话找到它的（直到今天，它还是电影里我最喜欢的一句脏话）。这部影片由女影星简·方达和男影星迈克尔·道格拉斯主演，于同年晚些时候在有线电视上播出。广播电视展现的是净化后的现实世界，即使是在当时也从未真正引起我的共鸣。有线电视则像一扇窗户，打开后就能看到真实世界。当大人们不在场的时候，游乐场上稍大一点的孩子们就是这么说话的。在我们家每月一次的晚餐聚会上，当大人以为孩子们都睡着了的时候，我父母的朋友也是这么说话的。我父母在我面前还是这么说话的。（瞧这些放荡不羁的“艺术家”

1　苏斯博士（Dr. Seuss），美国著名儿童文学作家与教育家，一生创作48种精彩绘本，作品被翻译成20多种文字和盲文，其中《圣诞怪杰》《老雷斯的故事》等曾被搬上大银幕。——译者注

2　瞧呀，我毫不费力就列出了一份清单！

啊！）有线电视上的人，那些大爆粗口的角色，只是让我觉得更真实。

后来，我又发现了脱口秀喜剧演员乔治·卡林。

1978年，卡林为一家名为HBO的新兴有线电视网络媒体公司制作了一部脱口秀喜剧特别节目《乔治·卡林又来了！》——他前后为这家公司一共拍摄了十四部精彩绝伦的脱口秀喜剧片。这部喜剧片也是三部特别节目中的第二部，其中还包含他1972年发行的专辑《班级小丑》中一首著名歌曲的扩展版，名为《七个永不在电视上讲出的词》。

接下来，更妙的事发生了。卡林向观众们透露，那七个脏话不过是“我最早列出的，我知道这份清单还不完整，不过那是个不错的开端”。随后，他妙语连珠地列出了二十五个新词。这些既可怕又绝妙的说法，大多数我都闻所未闻。我的脑子晕乎乎的。多么精彩的脏话啊！我想要那份清单！但这件事说起来容易做起来难。

当时，硬盘录像机尚未出现，面向大众的盒式磁带录像机问世也没几年，而且价格还很昂贵。如果我想要那份脏话清单，就得等到卡林的特别节目重播，然后用提前准备好的纸和笔，一边听他耍嘴皮子一边用最快的速度抄下来。当然，因为粗俗露骨，那份清单很有趣。但最吸引我的是去做这件事本身，因为这份清单是我小时候能想到的最完整的收藏。毕竟，我既不可能拥有所有的乐高积木，也不可能拥有所有的《星球大战》活动人偶，在1978年（也就是有线电视问世之前），收集它们曾是我最喜欢的两种娱乐活动。事实上，那份脏话清单是我第一套真正的藏品。现在回想起来，那也是我内心的完美主义者冒头的一刻。

你让我完整

在此之前，我的完整主义倾向也浮出过水面，只是我当时还不知道发生了什么事。小时候，我姐姐克丽丝有一只5000毫升的大号锥形瓶，里面装满了一分钱的硬币，这些硬币的年份能追溯到20世纪30年代。她去上学或是跟朋友出去玩的时候，我会偷偷溜进她的房间，把所有硬币倒在地毯上，按照年份给它们分门别类，寻找（在我看来）稀有的带小麦图案的硬币，希望能集齐所有年份的。她的收藏酷毙了，只可惜年份不完整，这一点就不太酷了。每发现一个空缺，我就愈发心烦。因为这意味着她的藏品离完整还差得远，而我无法接受这一点。

整个青少年时期，我对完整的专注始终如一。这种专注一直持续到了成年，而且大多数情况下都是针对电影道具的，尤其是没人付钱请我制作的电影道具。当我迷上某件道具的时候，感兴趣的不仅仅是那件物品，还有与它相关的一切，包括它所处的世界，以及与它相关的事物。

从我记事起，我就一直对库布里克执导的经典科幻片《2001：太空漫游》中的太空服痴迷有加。2015年，我终于完成了其中一件的复制品。不过，不是“发现号”上鲜艳的红黄蓝三色太空服——它们早就被狂热的影迷复制滥了。我选择的是一套从来没见人复制过的——海伍德·弗洛伊德博士在克拉维厄斯基地穿的银色太空服。

克拉维厄斯基地的银色太空服拥有一体式冷却系统，配有优雅的白色头盔和细节丰富的前后背包。它们是由参与美国太空计划的工程师和科学家共同研发的，看上去比电影史上出现过的任何太空服都要正式。首先，我委托迈克·斯科特制作太空服的主体部分。他制作过《2001：太空漫游》电影中一些太空服和头盔的精湛复制品，只是在此之前并没有尝试过那款银色太空服。在将他制作的太空服各部分拼接起来之后，我又制作了配套的背包、冰水驱动的内部冷却系统和大部分经过机械加工的铝制零件，使太空服更逼真，也更有未来感。

2015年的圣迭戈国际动漫展上，我和国际空间站前指挥官克里斯·哈德菲尔德身穿克拉维厄斯基地太空服四处溜达。噢，那个穿着皱巴巴的衬衫、微笑着看我们走过的男人，正是电影《火星救援》原著小说的作者安迪·威尔。

整个制作过程历时近四年。我在研究上花费了数百个小时，还开列了数十份清单，巨细无遗地考察了每个细节，还参考了库布里克自己的研究成果，以及它是如何与美国国家航空航天局关于太空旅行及其配件的想法相吻合的。我想弄清楚这些设计背后的逻辑。因此，如果有些零件即使把电影看上一千遍也看不清细节，至少我能有扎实的理论基础来复制它们。但在这么做（花一千遍重看电影）的同时，我又深深迷上了弗洛伊德博士的另一件用品——他的午餐盒。

弗洛伊德博士和同事前往月球参观克拉维厄斯基地的黑方碑时，他们装午餐的是一个外观炫酷的八角形白盒子。盒子侧面有大而厚的搭扣，八角形盒盖可以揭开。我一遍又一遍地盯着它看，发现那个容器似乎很明显是个二手物品。也就是说，电影的道具制作师大概是找了个现成的物品，添上了特殊的搭扣，就把它变成了午餐盒。我至今仍然坚信这一点。不过虽然我在网上进行了大量搜索，也查找了无数档案，却找不到类似的物件。我找过20世纪60年代初期的尖锐物品放置盒、自行车和摩托车挂篮、午餐盒。我先列出了所有认为可能的物品，然后在易贝网上用不同关键词进行了两三百次搜索，看看能不能找出类似的东西，最后却一无所获。

我工作室里弗洛伊德博士的午餐盒。

我这个完整主义者无法接受这个结果。一旦想到要补全脑海中弗洛伊德博士与同事们吃午餐的画面，我就无法摆脱自己的渴望，疯狂想要弄到影片中的午餐盒。如果实在买不到，就不得不从零开始自己做。事实上，我也正是这么做的。

但我并没有止步于此。弗洛伊德博士打开午餐盒时，里面有张纸一闪而过。我认为那很可能是午餐盒内食品的申领单。弗洛伊德博士登上前往克拉维厄斯基地的穿梭飞船之前，可能给美国宇航局列了一份清单，建议准备一些三明治。我决定把这份申领单也复制出来。我认真查阅了数百份美国宇航局的文件，直到确信申领单可能是什么样子，以及如何才能将它复制出来。在此过程中，我体会到了只有完整主义者才能理解的满足感。为了画龙点睛，我为它加上了几层相当粗糙的Photoshop滤镜，使其看起来像是被复印过很多遍。这样更加真实可信。我认为，它看上去应该像弗洛伊德博士所处世界中的一部分。

PAGE ____ OF ____ PAGES

NATIONAL AERONAUTICS AND SPACE ADMINISTRATION

CL/B Rocket Bus Provision Requisition Short Form VII-24

Form Approved O.M.B. No. 2700-0003

Date(s) of Mission: Wednesday April 25, 2001- Friday April 27, 2001

Mission Name: CL/B Quarrentine Tycho Reconnaissance

Mission Parameters: 3 man team to Tycho

No. of Personnel (excl. Pilot & co-Pilot): 4.

Authorized Supervisor (signature required)

List Personnel: Dr. Floyd; Dr. Halvorsen; Dr. William "Bill" Michaels

Destination and Duration: Land at Tycho Crater at 5:48 EDT after transit time of 25 hours (approximate). Dr. Floyd will suprvise team upon arrival

CONTRACT VALUE — COST $ NA; FEE $ NA; FUNC LIMITATION $ NA; TOTAL $ XXXXXXX

PROVISIONS REQUESTED

Type	No.	Type	No.
Ham Sandwich	14		
Turkey Sandwich	11		
Tuna Sandwich	10		
Mayonnaise	2		
Trail Mix	3		
Please pack coffee if available. Dr. Floyd authorizes use of non-pressurized thermos for trip			

Abbreviations: (A/S) Artificial Sweetener; (B) Beverage; (FF) Fresh Food; (IM) Intermediate Moisture; (I) Irradiated; (NF) Natural Form; (R) Rehydratable; (T) Thermostabilized

APPROVED — PROCUREMENT OFFICER — DATE

ROCKET BUS SHORT FORM PROVISIONS

Sandwiches: Ham (NF), Tuna (NF), Turkey (NF), Roast Beef (NF), Cucumber (NF), Cheese (NF)
Condiments: Mayonnaise (NF), Mustard (NF), Relish (FF), Barbecue Sauce (IM)
Dressings: Italian (IM), Thousand Island (IM), Tahini (IM), Blue Cheese (IM)
Cheeses: Cheddar (T), Swiss (T), American (T)
Fruits: Apple, Granny Smith (FF), Apricots, Dried (IM), Applesauce (T), Grapes (FF), Orange (FF), Pears, Diced (T), Peaches, Dried (IM), Peaches, Diced (IM), Pineapple (T), Strawberries (FF), Trail Mix (IM)
Meats: Beef (R), Chicken (R), Pork (R)
Jelly: Apple (T), Grape (T)
Juices: Orange (B), Tomato (B), Pineapple (B), Apple (B), Carrot (B)
Cereal: Bran Chex (R), Cornflakes (R), Granola (R), Granola w/berries (R), Grits (R), Oatmeal w/brown sugar (R), Oatmeal w/raisins (R), Rice Crispies (R)
Grains: Rice (R), Quinoa (R), Polenta (R)

(Please note: CL/B makes every effort to keep proper foodstuff and provisions available. However, unanticipated interruptions to resupply missions can affect current stock of provisions on-hand. CL/B may make substitutions.)

Baseline Plan Identification (Col. 7b & 7d): Revision No. ________ , Dated ________

NASA FORM 737M AUG 00 PREVIOUS EDITIONS ARE OBSOLETE

就像我的美梦成真了——它既是道具复制品，又是清单！

“完整主义”和“列清单”形成了一个反馈循环：为了顺利完成任务，完整主义要求列清单；反之，列清单又激发了完整主义。毕竟，如果清单不能涵盖你需要的一切，列它又有什么意义呢？但如果这种反馈循环成了你创造性实践的主要内容，就可能带来负面影响。想想你认识的完整主义者吧，除非每件东西都井然有序，每个细节都完美无缺，否则他们根本无法动手做事。

我的同事兼好友简·沙赫特在职业生涯早期就有过类似经历。她是巴尔的摩市一家名为“开放工场”的创客空间的驻场艺术家，关注创客运动与教育、就业、平等的结合。“我觉得自己长期以来一直都在努力摆脱这种倾向，不仅是创作方面，还有学业。”她告诉我，“每当我需要写论文或做演讲的时候，我都很重视它。不是说做到完美，因为我从不认为自己是完美的，但是它会要求我以某种特定方式去完成这些事。我之所以苦苦挣扎，是因为花在每件事上的时间都远远超过该花的。这确实会对你造成阻碍。”

当然，完整主义也可能走向完美主义，并进入一个恶性循环。但将“列清单”用作规划工具的时候，完整主义还是很管用的，能让你进入良性循环。它能确保你纵览整个项目：所需的材料、所需的数量、可能需要协作的合作者，以及将所有材料拼凑起来的步骤。所有东西都汇集在一起，呈现在你眼前的清单上。像这样的清单不会扼杀你的创意，也不会成为制造过程的阻碍，而是会真正释放你的创造潜能，因为它们解放了你本该用于记忆这些信息的脑力。

驯服猛兽

我第一次意识到这一点，是在列出第一份职业清单的时候。当时是1991年，我二十四岁，跟一群旧金山戏剧界的朋友混在一起，想让我们自己的剧社步入正轨。我们一共是五个人，自称V MAJEC。这是一个关于我们几个人名字的小把戏：V是罗马数字中的“五”，MAJEC是五个人姓名首字母的缩写。这属于那种你二十四岁的时候听起来很酷，但到三十岁恨不能挖个坑埋起来的创意。不过话说回来，我们当时才华横溢、信念坚定、胸怀理想、野心勃勃、全情投入，想要做出一番事业来。

我负责舞台的搭建。这份工作包括将所有物件拼凑起来，搭置布景、道具、灯光架，处理所有需要发挥创客本能的事。对像我们这样的小公司来说，这不是一件容易的事。我们首场大型公演的前一夜，我和朋友史蒂夫在他位于旧金山科尔谷里沃利街的家里待了六个小时，想要理清首场演出之前需要完成的全部工作，确保没有什么遗漏。当我们逐个场景、逐个部门进行讨论时，我开始疯狂地列清单，越来越多的清单，最后列满了好几页。当时已经是深夜，我整理好了我们需要的东西，但还是觉得没有理清所有工作。这可不行，于是我决定把所有东西合并起来。

我把所有清单铺在客厅的地板上，用最小的字体把所有内容全抄在一页纸上，以便一目了然地看清要做的所有工作。那是个极为关键的时刻。就在那一刻，我们的首场演出在我脑海中真正成形了。请注意，这并不是我抄录清单的最初目的。我并不是为了驯服面前的这只猛兽，故意用一张纸列出了总清单。然而，随着演出所有元素逐一呈现在我面前，事情就这么自然而然地发生了。一旦我能够总览全局，演出就变成

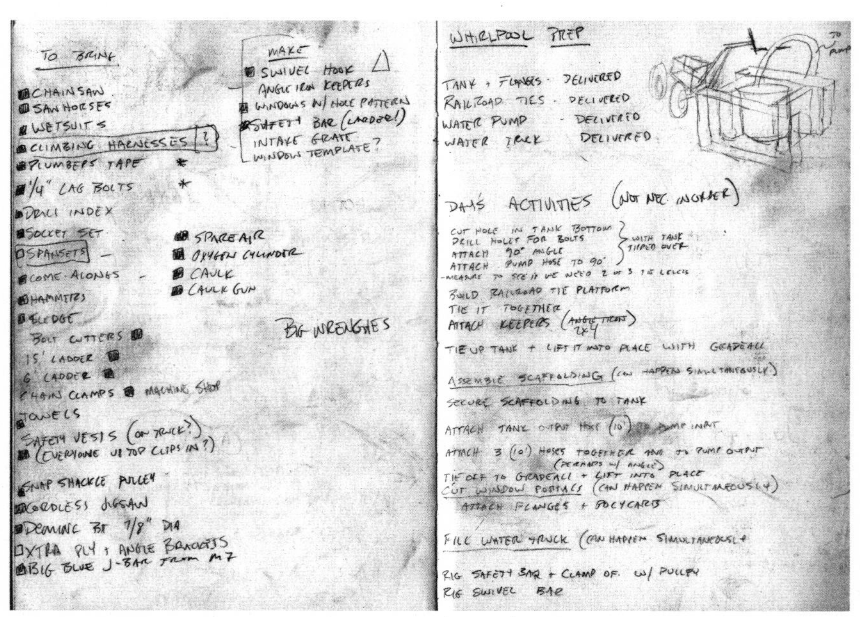

清单摞着清单。

了我脑海中一个单一的、可以管理的项目，而不是一连串无休止的、彼此独立的、艰巨的任务。我很快意识到，这就是精心开列清单的长期好处。当你的项目看起来像是需要驯服的狮子时，一份全面的清单可以成为你的皮鞭兼座椅。

无论是对个人创意项目还是对于整个行业来说，情况都是如此。列清单改变了很多东西，也改变了相关人士的生活。[1]在医疗领域，像阿普伽新生儿评分法这样简单的清单挽救了无数婴儿的生命，为无数医院节省了数亿美元的花费。在航空领域，汇编大量指令已经成为一门关于列清单的学问，其中包括精确的字体大小、经过验证的易读性和每页允许放置的条目数量。这不但使飞机起降更为高效，还让人们在飞机发生故障时更容易遵循多元应急程序，应对变幻莫测的不确定局面，让乘客尽快安全着陆。在上述任何一种情况下，清单解决的问题（也就是它们驯服的猛兽）都是复杂的。

我内心的创客很清楚，这正是清单真正的亮点。简化复杂事物的能力使清单有别于其他规划工具。这不但表现在项目刚启动的时候，还体现在创意过程的每一步。因为无论你一开始列出的清单有多严密，总会有遗漏或者频繁需要更改的地方。这就像测量海岸线：海岸线是支离破碎的，你越是凑近看，它就显得越长，正如你为了纳入不断变化的新信息而列的清单。从这个意义来说，在衡量项目进度时，清单与其说是指南，不如说是带我穿越风景不断变化的地图。任何了解我工作的人，都知道我有多么热爱复杂棘手的项目。请别误会，这些年来我也制作了许多简单的道具，例如《夺宝奇兵》中完美的查查波亚生育神像，或是

1 阿图·葛文德写过一部精彩的著作，名为《清单革命》，非常值得一读。

《地狱男爵》中装有主角巨型左轮手枪“撒玛利亚人”的枪匣，但复杂性就像科幻作品中的牵引光束一样深深吸引着我。事实上，它吸引我制作了《地狱男爵》中的另一件道具：拉斯普钦的机械手套。

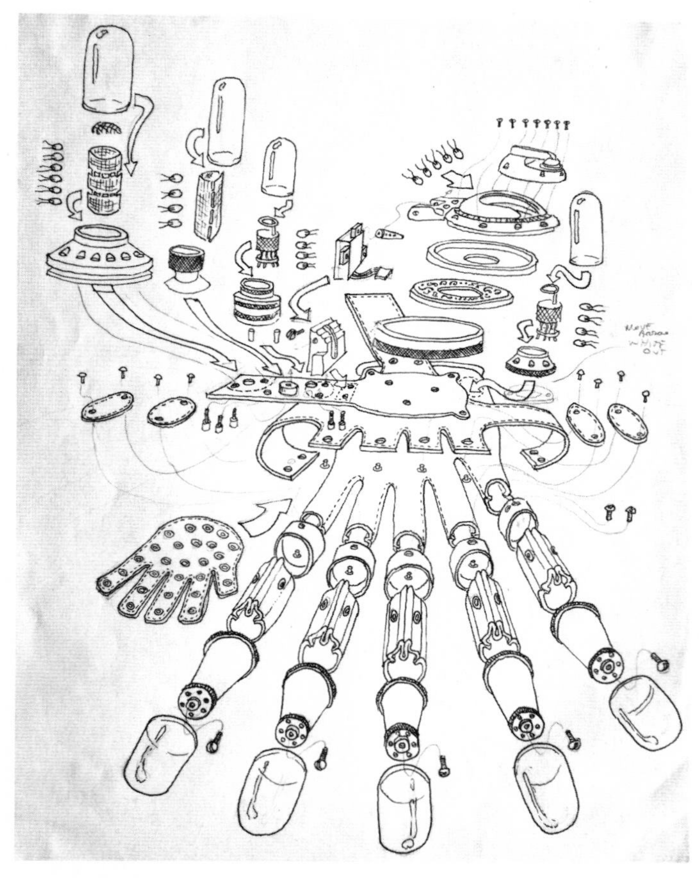

机械手套分解图。

《地狱男爵》影片一开始，大反派“妖僧”拉斯普钦就召唤出了地狱男爵，并用一件被称为机械手套的复杂装置将他从幽暗地域带到了人间。我对这件道具痴迷了很久。当我在2009年终于见到这部电影的编

各枚玻璃管的内部细节

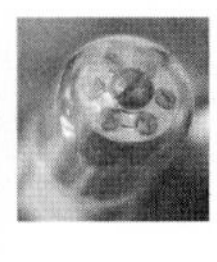

指管直径3.81厘米，缠以直径0.889毫米的磁线圈。底座边缘有轧花，整体略呈圆锥形，顶端嵌有6枚小黄铜螺钉和1枚大黄铜螺钉。

玻璃管1直径2.5厘米，内部与真正的无线电真空管一样。

玻璃管2直径3.5厘米，也像玻璃管1一样，内部与真正的无线电真空管一样。玻璃管1与玻璃管2的内部看起来一模一样。

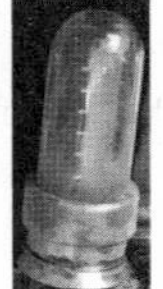

玻璃管3直径2.5厘米，内部有一片叠成三角形、上有蚀刻图案的黄铜零件。该黄铜零件来自火车模型。

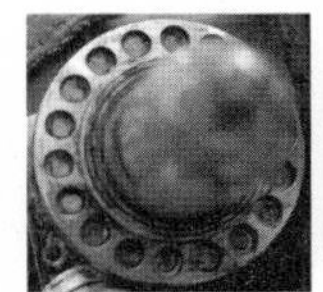
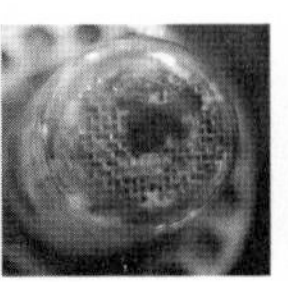
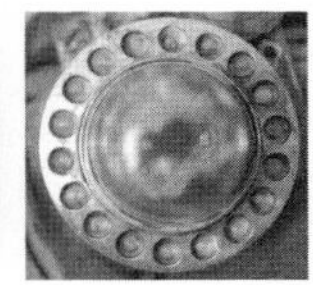

玻璃管4直径3.1厘米，内部同样有来自火车模型的黄铜零件，但与玻璃管3的零件不同。它共有3层，顶部有一块金属网。

玻璃管5和玻璃管6直径均为3.1厘米，与玻璃管4相同。这意味着每只手上有3枚玻璃管是同一直径。内部是一只浸泡在液体中的定制铸模的青蛙标本。

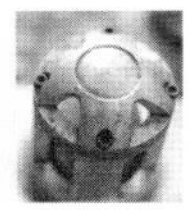

金属壳直径3.3厘米，每只手6枚，5短1长。

玻璃管7内部原有一枚带电镀白金设计图案的球体，但拍摄的这一枚内有某种金属状液体，内置泵使液体来回流动。我不确定是怎么做到的。它的直径为5厘米。

剧吉尔莫·德尔·托罗时，本可以跟他大聊他执导过的几部精彩巨作中的任何一部，比如《潘神的迷宫》《变种DNA》《魔鬼银爪》《刀锋战士Ⅱ》，但相反，我滔滔不绝地向他倾诉了我有多爱那只机械手套。我告诉他，这是一项辉煌的艺术壮举，是一件错综复杂的杰作。[1]由于吉尔莫本质上是个大胡子的热心人，他立即帮我联系上了迈克·埃利扎德。迈克是原版机械手套的制作师，而且一直保留着原件！

我很快前去拜访迈克，并参观了他收藏于洛杉矶光谱运动特效工作室的机械手套。迈克慷慨地为我提供了参考资料、尺寸和建议，以便我在需要的时候制作自己的机械手套。噢，那真是一段美妙的时光！

我复制的机械手套由600多个独立零件组成，花了近四年时间才完成。在此期间，我列了数百份清单，包括要制造的物品清单、要获取的硬件清单、要研究的事物清单、要询问信息的人员清单。[2]我给有待解决的问题列了清单，也给那些在我犹豫不决时能帮助我选择的词汇列了清单。我还列出了能够制造某些特殊零件的公司名单，因为我既没有相关设备也没有相关专业知识，无法亲手造出那些零件。[3]我甚至画了一些清单，做成了插图版本。由于零件数量太多，而且没有哪两个是一模一样的，列清单成了"驯服猛兽"的重要方法。只有这样，我才能知道该怎么做。

1　……我猜原话可能是这样。在我们的谈话过程中，我大概是兴奋得晕过去了。

2　每次遇到复杂项目，我都会列出这些清单，而且常常依赖它们。最近制造太空服的时候，我每天都给宇航员迈克·马西米诺发短信，问他橙色太空服的每个口袋里分别放了什么。

3　Adams & Chittenden是一家出色的制造公司，我委托它们制造了所有用于机械手套指管的玻璃。这家公司还为美国加州大学伯克利分校的实验室制造所有定制玻璃器皿。

我要向已故参议员特德·史蒂文斯（Ted Stevens）说声“抱歉”，但根据这张示意图，我的机械手套才真正是“一系列的管子”。[1]

不过，无论我的清单是何种形式，它们的任务都是一样的：掌控难以控制的东西，让混乱的事物变得有序，让复杂的事物变得简单。事实上，随着年龄的增长，我喜欢的项目越来越复杂。因为在那些清单的帮助下，我应对难题的能力也得到了大幅提升。对于不爱列清单的人来说，列出这些清单可能要花不少时间，但从做规划的角度来看，我还没发现其他任何一种方法既能提高你推进项目的效率，又能提升你身为创客的技能。

1　特德·史蒂文斯，美国国会任期最久的共和党参议员，2010年飞机失事遇难。他曾在一场讨论电信产业法规的演讲中误将因特网描述为“一系列的管子”，使这个说法名噪一时。——译者注

第三章

勾选框

列有用的清单是一个持续终生、不断完善的过程。这个过程对我来说很早就开始了。凭借年轻时的满腔热情，我会尽可能多地收集关于某个特定主题的信息。长大一点儿后，由于做了几年平面设计，我把一些宝贵的技巧融入了列清单的过程中。平面设计的任务是尽可能迅速有效地传达重要信息。如果我希望清单在必要时刻为我提供所需的信息，而且不会把我绕晕，那么它们就必须清晰明了。平面设计的经历有助于我通过大纲的形式制作清单，用图解的形式理清我过去由于一些列清单的习惯造成的混乱。请别误会，最初那些乱糟糟的清单还是有用的，因为有清单总比没有好。但随着它们变得越来越清晰，越来越明了，我的工作效率也变得越来越高效，越来越多产。1998年，我加入了工业光魔特效公司，为《星球大战前传1：幽灵的威胁》制作模型。从那时起，我列清单的能力有了飞跃式的进步——因为我发现了勾选框。

我进入工业光魔特效公司的时候，使用勾选框已经成了公司的惯例。入职第一天，我就注意到了这一点。当时，我站在老板布莱恩·格南德身后，看他在待办清单上核对跟我有关的部分。他手中的清单里，每个项目左下方都画了一些小方框。有些方框是空白的，有些被涂成了黑色，有些只涂了一半。我们核对完毕后，我问他那些方框是怎么回事，他是这么解释的：

■ 如果任务完成了，他就会把清单中相应的方框涂黑。

◩ 如果任务完成过半或近乎完成，他就会沿对角线把方框涂黑一半。

□ 如果任务尚未开始或进展暂时无法衡量，他就会先将方框留白。

布莱恩是我合作过的最优秀的主管之一，我目睹了他在工业光魔特效公司的模型工作室里管理着从几名到数百名创客的过程。在剧情片这样的大型项目中，因为制作周期可能长达数年，每个特效制作师都需要按照每天、每周甚至是每月的待办清单工作。那些清单列出的小细节多不胜数。《星球大战》电影中的每一帧画面都含有无数细节，而负责监管这一切的主管显然很容易被无数的细节淹没。然而，这种由三部分构成的勾选框小技巧，使他能够在任意一天的任意时刻，对自己手头任一项目的进度一目了然。

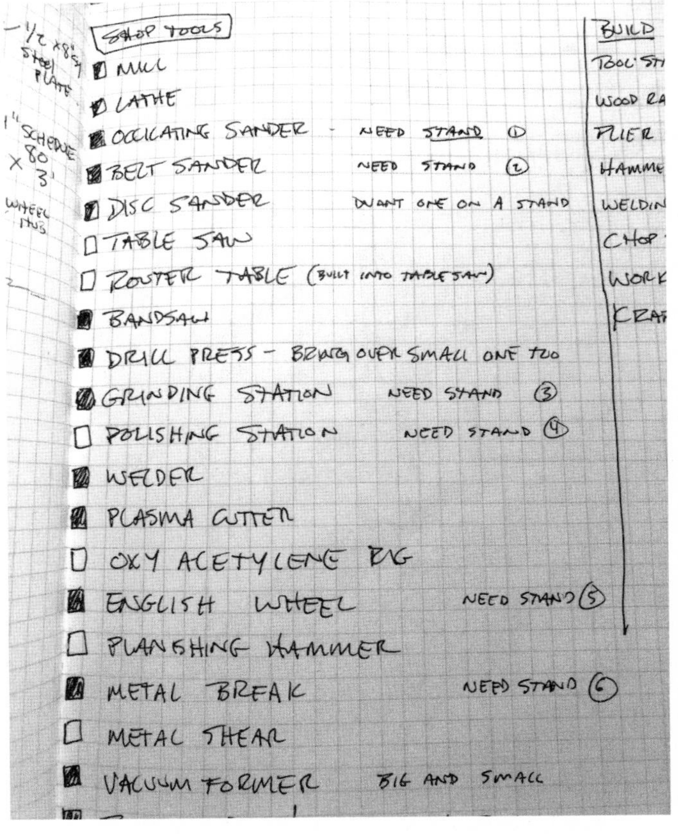

通过带有勾选框的清单，你可以对项目的方方面面一目了然。

这个规划体系的精巧和高效深深震撼了我，尤其是当你需要进一步评估一个项目的状况时。清单的价值在于，它能让你对项目的全局一目了然，这样大脑就不用保存太多信息，可以腾出更多精力进行创意思考。勾选框的优点在于，它让你对项目进度一目了然，能够监控手头各个项目的状态，而不必费心跟进每一件事。

我立刻将勾选框纳入了自己的工作流程，这在一夜之间改变了我在工业光魔公司的工作习惯。从那天起，我每天都会列一份全新的每日目标清单，后面附上勾选框，同时密切关注当日目标与全局目标的关联。我会先查看昨天的目标清单，将其中尚未开始或部分完成的项目挪进今天的清单。对我来说，这是一种绝佳的方法，能让我全身心投入当天、当周、当月乃至所有工作。不久，我就以靠清单一丝不苟地追踪项目进度而闻名。事实上，这导致我偶尔会“遭受”同事们的恶作剧。早上我走进工作室，准备列出当天的待办清单时，却发现前一天的清单里被人加上了许多“未完成的项目”：“给迈克·林奇买午餐”；“给布瑞恩十美元”。哈哈，这群家伙！

依我看来，再怎么强调勾选框的作用和重要性都不过分。一方面，正如我说过的，它与我内心的完整主义者产生了共鸣。你不难猜到，列清单最美妙的部分是划掉你已经完成的任务。但如果是用笔实实在在地划掉那些字，就会让清单变得难以辨认，破坏了它们在本项目以外的信息价值。起码在我看来，这会让整个项目变得不完整。勾选框使我能划掉清单上的某些项，同时能清楚地看见我划掉的是什么。它在保留所有信息的同时，也不会增加阅读清单的难度。

勾选框还消除了物理学方面创意带给我的一些固有压力。在我看来，清单可以用来描述和理解一个项目的质量、规模和分量，勾选框还可以描述项目的动力。而动力是完成任何一件事的关键。

不过，动力不仅仅是身体上的，也是心理上的，对我来说还是情感上的。光是瞧见清单左侧的一大串黑白勾选框，我就能获得无穷的动力。众所周知，我常常将已经完成的任务列入清单，只为了使涂黑的勾选框比留白的多。这种向前推进的感觉让我沉迷于完成枯燥单调的基本任务，以及似乎永远看不到尽头的大型项目。在工业光魔公司工作期间，我遇到了很多类似的任务和项目。例如，为了给一家商业银行制作约1.83米高的摩天大楼形起重机，我们耗费了80个小时进行激光切割，并进行了长达好几周的组装，以便充分展现其惊人的规模。此外，我们还为科幻电影《惊爆银河系》打造了塞米安人的空间站。它由数百扇背光窗户组成，每扇窗户后面都站着一排塞米安人。

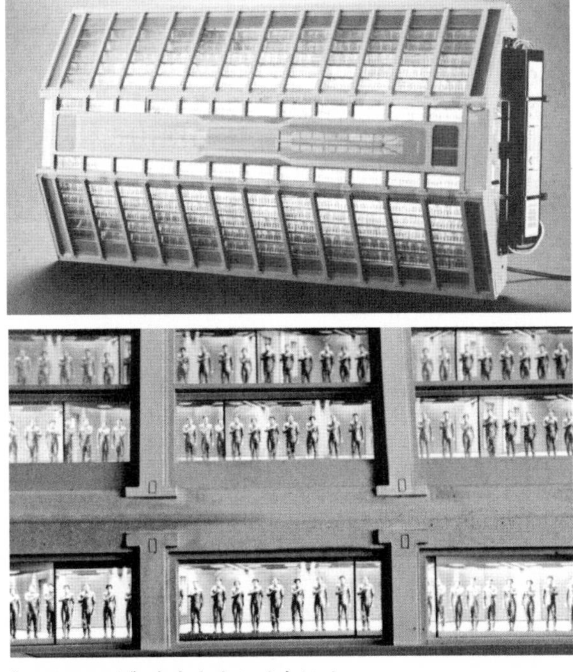

《惊爆银河系》中塞米安人的空间站。

在一个项目中，你不仅需要找到并利用动力，还需要创造更多的动力。这使我每天早上都能飞快地回到工作室，日复一日，脚踏实地，规划与项目都能朝着正确的方向前进。虽然这听起来似乎有点儿滑稽，但我就是这样把自己训练成一台动力制造机的。我认为这是每个创客都应该学习的内容，因为你每次在项目中碰壁或半途遇到困难的时候，不可能总指望外部动力激励自己。你需要自己给自己创造动力，推动你不断前进。而从清单里获得的动力，往往能助你一臂之力。

我如何列清单

有一句著名的谚语叫——“山外还有山”。这个说法可以轻松挪用到制造领域，即在每一个清单里，还有更多清单。从最简单到最复杂的项目都是如此。随着工作变得越来越耗时耗力，许多创客都会遇到一个重要问题：如果清单的作用是帮你更好地掌控你的项目，那你要如何掌控一个可以被无限细化的清单呢？我一辈子都在试图驯服这匹野马，将它关进马厩，以下是我总结出的方法。

步骤1：大脑转储

我的方法不是给每个项目列一份清单，而是列出一系列有助于随时了解进度的清单。首先，我会列出眼前这个项目我知道的所有信息，这是一个提炼要点的过程。这个过程从“清空大脑”开始。我会坐在家里的办公桌旁或工作室的工作台边，不管三七二十一，想到什么就写下来。我能想到的任何东西，哪怕是跟项目八竿子打不着的东西，都会落到纸上。那会是乱糟糟的一大堆。但这就是关键。

任何事情迈出第一步时都会凌乱不堪。讲故事的天才安德鲁·斯坦顿跟我聊起过如何列出项目的各个组成部分。他是动画电影《玩具总动员》和《怪兽电力公司》的编剧之一，还为皮克斯公司制作并执导了《海底总动员》和《海底总动员 2 ：多莉去哪儿》。在为一个处于项目初期阶段的团队做咨询时，他对团队成员说："咱们能一致同意情况糟透了吗？不管我们现在说些什么，不管我们有多兴奋，我们都该知道，情况将会变得一团糟。"大家都惊呆了，怀疑他在侮辱这个项目。他解释说，不，他只是想告诉大家，在一个复杂的项目中，初期阶段看起来不会像后期那么美好。团队中有些人认为"初期阶段要追求质量"，他只是想减轻那些人肩头的压力。

这同样适用于任何一个制造项目。《创客》杂志的创始人兼主编马克・弗伦菲尔德一口咬定："在任何项目变得好到足以跟别人分享之前，你至少得进行六次迭代。"我把第一次迭代称为"大脑转储"，马克则称之为"粗制滥造的玩意儿"。

假设我们要造一把射线枪，以下就是我"大脑转储"得出的"粗制滥造的玩意儿"：

- □ 枪身
- □ 枪托
- □ 瞄准镜
- □ 枪套
- □ 电子器件
- □ 发光器件
- □ 声卡
- □ 音频文件
- □ 皮带连接件
- □ 枪匣
- □ 仪表盘
- □ 扳机护环
- □ 弹药
- □ 扳机
- □ 调节转盘

这份清单基本没用，因为它既没有主次顺序，也缺乏对清单中每件物品众多组成部分的认识。它既不完整又混乱不堪，就像我脑海里的东西一样。这样“大脑转储”的清单，就像我出门后把孩子们留在了家里，过几天回家后第一次走进厨房看到的情景。简直是个重灾区！这不是不可救药，我知道该做些什么，但眼前密密麻麻的任务……繁重的工作量吓坏了我。不过请别误会，“大脑转储”清单还是很有用的，只是不能以上述形式出现。这仅仅是整个过程的第一步。

步骤2：定主体

第二步是拿出那张庞大的清单，将其划分成易于操作的小部分。看着射线枪的大脑转储清单，我已经看到有几件大的东西需要细分，然后进一步分解——枪身、枪匣、枪套，等等。因此，在列出整份大脑转储清单之后，我立刻开始重写。这次用的是大纲形式。

- ☐ 枪
  - ☐ 枪柄外框
  - ☐ 仪表盘
  - ☐ 扳机
  - ☐ 瞄准镜
  - ☐ 扳机护环
  - ☐ 枪身
- ☐ 电子器件
  - ☐ 发光器件
  - ☐ 激活电路
  - ☐ 声卡
  - ☐ 微动开关
  - ☐ 音频文件
  - ☐ 音量调节
  - ☐ 扬声器
- ☐ 枪匣
  - ☐ 匣子
  - ☐ 内部开孔

- □ 标签　　□ 使用说明
- □ 衬垫

□ 枪套
- □ 皮革主体　　□ 搭扣
- □ 金属标签　　□ 封口卡扣
- □ 皮带连接件　　□ 图案
- □ 皮带

□ 弹药
- □ 子弹
- □ 弹药包
- □ 图案
- □ 电源组件
- □ 充电器

步骤3：细分

进行初步划分并逐项列出后，我又对各个部件逐类进行了细分。就以顶层的“枪”为例吧。现在，它已经被进一步分解了，所以我一眼就能看出，这些零散任务主要可以分为三小类：（1）枪体本身；（2）枪体内部的电子器件；（3）围绕枪体的图案。

□ 枪
- □ 主体
  - □ 3D 打印　□ 黄铜细部
  - □ 机加工的铝件
- □ 枪柄外框（铝）
  - □ 铝件

- [ ] 机加工留孔，用作开关

- [ ] 枪柄侧面
  - [ ] 螺栓，用于添加附属物品
  - [ ] 购入不锈钢盘头螺栓
  - [ ] 搭配螺栓的螺纹嵌件
  - [ ] 刻纹/图案（黄铜？）
- [ ] 扳机
  - [ ] 扳机机械部分
    - [ ] 弹簧
    - [ ] 线路
    - [ ] 微动开关
    - [ ] 锤击
  - [ ] 扳机护环（钢？）
    - [ ] 前后基座
- [ ] 左侧仪表盘
  - [ ] 可拆卸的装饰细部
  - [ ] 外圈玻璃罩
  - [ ] 图案
  - [ ] 仪表盘指针
    - [ ] 用于激活的伺服马达（微型）
  - [ ] 调节装置
- [ ] 瞄准镜
  - [ ] 镜片
  - [ ] 主体
  - [ ] 基座
  - [ ] 电子器件
  - [ ] 发光器件
  - [ ] 开关
  - [ ] 连接枪身的线路
- [ ] 调节转盘
  - [ ] 轧花铝件（车床加工）
  - [ ] 图案
  - [ ] 分压器

- □ 附件

□ 涂装

- □ 瞄准镜（黑色）
- □ 枪柄（清漆）
- □ 枪身主体
- □ 做旧
  - □ 油漆剥落
  - □ 铁锈
  - □ 污垢
  - □ 铜绿

□ 电子器件

- □ 控制板
- □ 电池仓
- □ 指示灯
- □ 声卡
  - □ 音频文件
  - □ 激活开关
  - □ 扬声器

□ 图案

- □ 仪表盘图案
- □ 黄铜细部装饰（蚀刻）
- □ 移画印花法用图案纸（订购）

直到这个时候，项目才开始露出它真正的轮廓。随着先前杂乱无章的大脑转储结果整合成连贯有序的操作步骤，我也开始放松下来。这种方法不但被我用于搭建项目，还被用于这本书的写作、搬家、举办派对和送礼物。我发现，列清单是除冥想之外最好的减压方法。但请注意，逐项细化清单可能会变成一个永无止境的过程：你思考得越深入，想到的新东西就越多。你可能会一辈子迷失在这些清单里，越细化内容越多。因此，细化到一定程度之后，就该动手开工了。

步骤4：动工

现在，是时候开始动手了。我几乎不会从头开始。通常我会查看细化的分类清单，从中寻找最棘手的部分，也就是问题真正的难点，这个难点我初看时很难想象该如何解决。一旦找到（就射线枪而言，可能是制作顶端的瞄准镜），我就会从它开始着手。这么做有三个理由：①我不希望在项目快结束时再遇到意想不到的难题，并为解决那个难题花费超出预期的时间；②解决棘手问题后，我会充满前进的动力，还能消灭那些可能在之后耗尽我动力的巨兽；③我喜欢把容易做的事留到最后。我做项目时就是这样应对压力的。在将最大的路障清除掉之后，所有空白的勾选框看起来就不那么吓人了。因为接下来的任务会越来越简单，勾选框也会被迅速填满。

步骤5：列更多清单

当你列出适当的嵌套式主清单并进入制作过程时，“列清单”的任务还没有结束，它才刚刚开始。在制作过程中，你会不断遇到新问题；为了解决这些问题，你需要列出新的清单。你从来没考虑过的加法、减法和细节将如雨后春笋般冒出来。该怎么解决这些问题？没错，答案就是列更多的清单。

我几乎每天都会为手头的每个项目列清单。在逐步打造顶端瞄准镜的过程中，我会依次划掉已经做完的每个项目。随着勾选框一点一点被涂黑，我能对自己完成了多少工作一目了然。

当然，清单上总有些任务是我当天做不完的。有些东西必须在其他东西完成后才能开始做。复杂的搭建过程就是这样，很多部件要依赖其他部件。一份完整、详细列出所有部件的清单能让你清楚地看到它们之间的关系。它既能帮助你直观地看到项目的进展，也能使你免于被挫败感击倒。

步骤6：暂时搁置

到目前为止，我提及的“列清单”都是关于项目管理、衡量和动力的。不过，还有一种我经常列的清单与上述不同。它用于我远离工作室或身边没有常规工具的时候——如今这种情况很常见。我经常在飞机上、演员休息室或咖啡馆里列这类清单。那就是我放弃一个项目时列的清单。

我经常出于各种原因而放弃某个项目。生活、旅行、电视节目、更重要的项目——这些都是我搁置某些项目的理由。不是永远放弃，而是让它们处于休眠状态，从几天到几年不等。在这种情况下，我发现列出一份关于项目进展的清单是很有用的。例如，哪些工作已经完成了，下一步打算做什么，需要做什么。勾选框在这类清单中尤为重要，尤其是当我准备捡起某个项目的时候。重新踏上制造之旅前，我希望感受到自己已经取得了有意义的进展，而那些涂黑的勾选框确实能让我大受鼓舞。

实际上，这可能是勾选框和列清单最重要的特性。因为世上既有容易的项目也有困难的项目。做每个项目时，也都有轻松的日子和难熬的日子。每一天，你都会遇到问题，其中一些解决起来似乎易如反掌，另一些则会把你踢下楼梯，拿走你的午餐费。一个创客要想进步，就意味着要不断推动自己去打败扼杀动力的凶手。一份精心制作的清单就像一个楔子，能让你的球滚动起来。而勾选框不仅是让你的球能继续前行的推动力和着力点，还能为你走完全程积蓄力量。

第四章

多用点冷却液

身为一个制造者，我的缺点就是没耐心。

我总想迅速搞定手头的事，这样就能进行下一步，再下一步了。我总想尽可能抄近路抵达终点，做出成品。我一直都在竭力克服这种冲动。我是一个现实的例子，证明了“匆忙动手”可能会比“经过深思熟虑、精心规划再动手”多花两倍的时间。俗话说“小洞不补，大洞吃苦”，我就经常吃这个苦头。我敢肯定，在我制造的六十多件作品中，有九成都是缺乏耐心的见证。

我一辈子都是这样。从小到大，我们一家人每年夏天都会去科德角避暑。这是一个周围住满了我家亲戚的小地方。我舅公保罗·谢尔顿开了一家木工作坊，就在我家隔壁。我在那家作坊里度过了很多个夏天，学习制作小物件的基础知识，以及如何制作木制品：将木制品牢牢固定住，以便用钢丝锯更好地切割；利用钻床的基本知识，让钻头接触木制品表面之前，认真做标记。我们做过架子，也做过提线木偶。那是我第一个真正的制造空间。能够接触到那座小小的创意熔炉，我真的很幸运！哪怕我永远都不愿意放慢脚步，花时间去欣赏这一切。

大约十岁的时候，我在保罗舅公的作坊里制作一只鸭子提线木偶。制作图纸是他从一本手工杂志里找到的。我下一步需要在鸭掌上钻个孔，穿根绳子进去，用来拽鸭子。那个提线木偶结构很简单，基本就是用帆布线连接起鸭掌和椭圆形的鸭身，再用尼龙线将其连接到最上方用冰棒棍做成的T形框架上。舅公告诉我要在准备切割或钻孔的每一个位置都做上标记，但我看了看图纸，很有信心能凭借目测钻孔。不过是在脚上打个小孔，这么简单的事还用做标记？于是，我直接就开始钻了。钻完后，我吹走木屑，才发现打出的小孔离预定位置差了好远。那是个显而易见的纰漏——不但不美观，结构上也有问题。这只鸭掌当时悬在那里看起来就像受了伤。我不得不费劲地操作钢丝锯，重做了一只鸭掌，免得我被一只跛脚鸭所困扰。

我当时非常不爽。后来，当有人走进木工作坊，问我为什么绷着个脸时，我就更烦躁了。

“亚当正心烦呢，因为他太没耐心，不愿意花时间给要打孔的地方做标记。”保罗舅公回答说，甚至都没看我一眼。我讨厌这样被人下定论。那时，我已经萌生了想成为一名工匠的想法，希望成为一个原创者，一个富于创造力和神秘感的人。但保罗舅公看穿了我的小把戏，对我的评价百分之百准确。

当我开始认真制造东西的时候，“没耐心”的天性仍然困扰着我，我很感谢高中时出色的美术老师本顿先生给予我的帮助。本顿先生教会了我很多疯狂炫酷的技能，从吸塑到定制巧克力棒，从雕刻黏土到使用喷枪。他公开表扬我的好奇心，让我激动不已。于是，我不断往自己的“工具箱”里添加新技能。但由于我学习新技术的欲望强烈，而我当时所处的只是一所20世纪80年代初期互联网普及之前的普通高中，本顿先生很快就无法再拓展我的视野了。

十六岁的时候，我厌倦了等待本顿先生学完新知识再教给我。于是，我开始花更多时间泡图书馆（你知道吧，就是那栋堆满各种免费书籍的老房子），研究自己感兴趣的东西。其中一些有点儿古怪，或者说是晦涩，例如如何制造帆船（我当时读了很多航海小说）；另一些比较简单易懂，属于“搭建”这门艺术的基础。

我印象最深的是读过的一本旧军事手册，教人如何在金属上打洞、钻孔。我们现如今生活在“宜家”的时代，你完全可以靠一本索引卡片大小、没有文字也不会告诉你哪件东西是什么的说明书，加上一把小内六角扳手，组装出一整套房子的家具。所以，你大概很难想象有一天你需要查询“该如何打孔”，甚至还不得不考虑用一个电动工具来组装东西。

但事实上，技巧和工具都是制造的基础。当你年轻的时候，它们绝对是必不可少的。因为初出茅庐，制造者的“沙盘”更多时候不是创造，而是修改——把已经存在的东西变得更美观或更实用，或是既美观又实用。通常来说，你需要连接和固定那些原本不打算组装在一起的部件，而这就需要用到打洞和钻孔了。你完全可以想象，像我这样的急性子，要对我拥有的，几乎所有东西经过多少次修改，是如何陷入崩溃的。那就像一种渴望被挠的痒，就我所知只有一种工具可以够到它。

钻孔糗事

那个年代，大多数孩子年满十六岁时都想拿到驾驶证，如果幸运的话，还想拥有一辆属于自己的锃亮的新车。我没有那么喜欢车，但确实想要一件闪闪发亮的新玩意——刚上市的“牧田充电式无绳电钻”。也许在它之前，市面上也有过其他无绳电钻，但在我眼中，它是第一款真正有价值的无绳电钻。我告诉父母这就是我想要的生日礼物。于是在我十六岁生日那天下午，父亲带我来到五金店，给我买了第一把值得珍藏一生的无绳工具。

那把牧田电钻陪伴了我近二十年，使用它就像变魔术一样神奇。从长得像哈巴狗鼻子的笨重的有绳电钻——就像我从前用来给鸭子提线木偶打孔的那个，到不用和墙上的插座相连的无绳锂电钻，究竟是什么炼金术才能让电池存储那么大能量，足以满足我所有的改装需求呢？它完全释放了我的天性，促成了一些新的坏习惯，还唤起了一些旧的坏习惯。毕竟，对于那些长期缺乏耐心又不断追求上进的人来说，还有比它更好（或是更糟）的工具吗？我很快就会找到答案。

无绳电钻入手后不久，我就用它给旧自行车安了个新行李架，那是我在旧货大甩卖时买来的。自行车和行李架不太匹配，所以我做了一些小改造，好让两者相得益彰。改造的最后一步原本应该很简单，只需要在行李架的承重臂上钻个小孔，然后就能用一颗小螺栓把它固定在自行车的后座上。（我发誓，我这个人跟“钻孔”就是合不来！）问题在于，我已经把行李架的一部分跟座管连在了一起，所以没法利用杠杆原理，在平坦的工作台上给金属臂打孔。于是，我决定将金属臂悬在半空中钻孔。请想象一下用小刀给苹果去核，但不是把苹果按在案板上，而是用一只手托着它。你也可以这么做，但很可能会弄得一团糟，这还不算刀子滑落时割破你手掌所流的血。

如果放到现在，我会把行李架从座管上取下来，牢牢固定在工作台上，然后以“正确的方式”钻孔，但当时我有点儿进退维谷。那时是暑期，我在打一份帮餐厅收拾桌子的短工，已经快迟到了。我需要骑车去上班，但不把行李架完全固定在车架上，车就没法骑。所以我当时很着急。再者，说实话，我手持全新的牧田电钻，觉得自己特跩特拉风。我想我完全可以躺在工作间（也就是我父母的地下室）的地板上，一只手握住后轮，把自行车稳稳固定住，另一只手迅速钻出需要的小孔。当然，这并不是最理想的姿势（事实上，这是最糟糕的姿势）。没错，我或许是从下往上钻孔，而且角度偏得要命，但如果不是为了解决这种难题，买超大马力的无绳电钻又有什么意义？

事实证明，无绳电钻由很多部分组成，但最重要的是钻头顶端那一点，也就是用来钻孔的那个位置。当我还是一个缺乏耐心的十六岁的少年时，我完全没有意识到这一事实。不过，我很快就见识到了想当然的后果。我姿势别扭地躺在地板上，用一只手撑起自行车，车子摇摇欲坠。这意味着当我匆忙、草率地用钻头钻进金属时，无法正确地感受到阻力。这反过来又意味着，如果钻头过热，等我意识到的时候已经为时已晚了。

什么为时已晚了？要回答这个问题，我们需要聊一些真正意义上的物理学。

即刻冷却！

切割就是处理“你切割的东西”和“你用来切割东西的东西”之间的关系。大多数情况下，后者的硬度需要大于前者。例如，我打算钻孔的行李架承重臂和我使用的钻头都是钢制的（我从来没遇见过其他类型的钻头），但为了使切割工作顺利进行，制成钻头的钢就必须比制成行李架的钢硬度更大。

怎么才能增加钢的硬度？这是个好问题。答案是改变其内部结构，使组成“更硬的钢”的原子和分子的内部结构都被“调整”过。最常见的一种方法是加热。热量能让钢发生神奇的变化。例如，仅仅通过改变加热过程和冷却速度，你就能对钢的延展性（可塑性）、韧性或硬度进行微妙的调整。

不过，热量也可能成为你最大的敌人。电钻之所以能穿透钢材，除了硬度大之外，还因为它拥有精心打磨的切削刃。切削刃旋转起来的角度恰到好处，每转一圈都能从加工件上削下一小片刨花，而钻头的长螺旋槽会将刨花带出孔隙，使孔内保持清洁。当然，这个过程中会产生大量摩擦，摩擦又会产生热量。摩擦是汽车引擎发热的原因、电脑发热的原因，也是钻头变热的原因。多年来，为了尽可能地减少摩擦，人们对钻头的硬度和锋利度做了不少改进，但取得的效果有限。

我说过，你可以利用热量让钢发生神奇的变化，但你也可以用它造成惊人的破坏。如果你没有把每件事（或者足够多的事）做好，钻头与加工件表面之间的摩擦就可能产生过多的热量。由于这些热量，加工件表面可能会变得和钻头一样硬，甚至比钻头更硬。这一过程被称为“加工硬化”，也就是通过加工使材料硬化。例如，当你弯曲一枚别针直到它断裂，弯曲这一动作就会使别针中的原子产生摩擦，进而产生热量，使其从一种柔韧的金属变成易碎的金属，直至断裂。对于钻孔来说，偶然的硬化是很糟糕的，非常非常糟糕。随着加工件变得越来越硬，钻头的工作效率会降低，摩擦会增加，热量也会增加，从而形成恶性循环，直至造成破坏（根据我的经验，电钻的声音也会发生变化）。幸运的是，解决这个问题的方法很简单——加冷却液。

冷却液不是某种特定的产品。事实上，它可以是任何有助于散热的液体。冷却液可以是水，但通常不是，因为水是多种金属的有效氧化剂（它是丙烯酸的理想冷却剂）。不过，冷却液一般都是液体，因为液体的导热性比空气好得多。你有没有注意过，70摄氏度的空气感觉要比70摄氏度的水暖和？这就是导热性在发挥作用。由于水能更好地传导热量，你会感觉水比空气凉。钻孔或切割时也是如此，冷却液能使加工件和钻头的切削刃保持稳定的工作温度。当带锯机使用金属切割锯片时，添加冷却液能显著地提升切割速度，因为它有助于带走切割区域的热量和碎屑。如果你用的是便携式带锯（也是这个世界上我最喜欢的工具之一），只要一加入冷却液，你就会觉得锯起来更顺畅。我喜欢这种感觉。

当然，十六岁的我对这些还一窍不通。这些都是我在钻了无数孔、切割了这世上无数的材料之后才学到的。这些材料包括玻璃、橡胶、布料、皮革、塑料、软线、粗绳、细绳、电线、铝、锌、钢，甚至是钛金属。我曾把汽车切成两半，也切过保龄球、飞机机架、电脑、自行车和轮胎。我用过手锯、圆锯、激光、刀片、凿子、楔子，还有等离子弧。我无意之中也切到过一些东西，比如我自己（经常如此），但让我受益最多的一定是在我父母地下室里进行的那次切割。事实证明，那并不是一次真正的切割。当我将旋转的钻头硬钻进行李架的承重臂中，钻头先变热，然后又变钝了。我用了更大的力气去补救，直到钻头最终卡住并断裂，只剩下一堆炙热的、经过加工硬化的钢材，永远卡在了我真正需要打孔的地方，化身为一枚硬邦邦的钢塞。由于这番缺乏耐心的愚蠢举动，我的目的与初衷南辕北辙：不但弄坏了行李架，毁掉了钻头，还害得自己上班迟到。

我常说，如果能回到过去的某一刻，告诉年轻时的自己一句话，我肯定会选择回到这一刻，对那个时候的自己说："多用点冷却液。"我知道，这听起来似乎是一件鸡零狗碎的小事，压根配不上时间旅行的大冒险。毕竟在科幻电影《回到未来》中，马蒂·麦克弗莱回到过去可是为了拯救布朗博士的性命。但在大多数金属加工过程中，要想进行一次精确、可预测、可重复的切割，冷却液是必不可少的。它能帮助你在需要的位置钻孔，还能延长刀片和钻头的使用寿命，防止工具出故障。在掌握这个诀窍之前，我弄断过很多钻头，毁掉了很多原本很完美的零件，还以无数种方式对自己和工具大爆粗口。

然而随着时间的推移，除了这次"简单良好"的制造实践外，"多用点冷却液"这句话对我来说还有了更加深刻与广泛的意义。它还提醒我"放慢脚步"，减少生活中的摩擦——无论是在工作、日程安排和人际关系中，还是在其他任何领域。它是对我总是没耐心的天性发出的警告。

但最重要的一点是，“多用点冷却液”也是在告诫我，要想妥善完成工作，就得事先做好充分准备。

事先做好充分准备

如果说我身为创客最大的缺陷是没耐心，那么它的主要表现就是我一直不愿意在工作前多做准备。在这种情况下，“事先做好充分准备”意味着使自己的身心处于完成工作的最佳状态，哪怕这可能要花更多时间。这意味着你需要花费时间，第一次就找对路子。花时间理清你的思路，整理你的工作空间、你的工具。你可能会觉得此时此刻放慢了速度，但从长远来看，这么做其实能节省时间。

我知道这话没错……但只是在理论上。从十岁那年保罗舅公揭穿我的小把戏算起，我曾无数次把事情搞砸。我已经五十多岁了，通常情况下还是会被“赶紧搞定”的欲望所驱使。管他后果如何呢，先做了再说！

说句公道话，缺乏耐心也是有好处的。截止期限和目标是非常管用的工具，它们能完善我的决策树，在事情变得无聊的时候为我提供动力。每当我在做一些枯燥的事情时，我都先自认为连续几个小时反复做同样的事情确实无聊透顶。然后，我会以一种建设性的方法利用自己这一心理，给自己随机设定几个小目标。例如，如果要制作航天飞机发射塔架的二十枚小托架（就像我为电影《太空牛仔》做的那样），我就会向自己发起挑战：

“我想吃晚饭前完成这个零件的机加工。”

“我想我可以在午饭前做完全部二十枚。”

“如果我能在今天完成这个部分，等待喷漆，那就太酷了！”

做这样的工作时，我发现自己真的能全身心投入枯燥的任务，把它当作冥想。一个动作接一个动作，不断地重复，这是属于单调的美！此时，我没有走神儿，而是一直在做两件事：首先，我会计算自己在单位时间内完成了多少工作，然后心算看我能不能在自己设定的时限内完成；其次，我会问自己能不能做得更快些。但除非我事先做好了充分准备，否则答案永远是“不能”。

我的工作空间有多大？我加工的是什么材料？材料总共有多少？我需要什么工具？这些工具我都有吗？它们还能正常使用吗？它们处于最佳状态吗？我可以把装胶水的杯子放得更近些吗？这么做能为我节省时间吗？有没有仅需组装的定制支架，以便我能更迅速地完成喷漆？也许一个多层晾衣架能给我省下一些往返喷漆室的时间？我应对枯燥事务的方法之一就是兼顾效率。在组装过程中，我一直在寻求改进方式。在事先做准备的时候，我喜欢不断加以改进。我喜欢看着两小时前一大堆令我望而却步的零件，如今已经全部完工，以一种被征服的姿态摆在工作台上。我的朋友汤姆·萨克斯，一位来自纽约的杰出当代艺术家，跟我一样对太空深深着迷。他指出，我的工作台上一开始就不该有“一大堆”零件。

汤姆为自己的工作室提出了十项基本守则。他称之为“十诫”，甚至还为它们制作了一部短片。这些守则都很棒，但我最喜欢的是第八诫：Knolling。这个概念是汤姆20世纪80年代后期在洛杉矶工作时，从解构主义建筑师弗兰克·盖里的家具店里学来的，它指的是一个整理过程。每天，照管店铺的看门人（一个名叫安德鲁·克伦威尔的家伙）都会进店打扫、吸尘。但在打扫之前，他会走到每个工作台前，将所有留在台面上的工具和材料整齐地排成平行线或者互成90度。有一天，当安德鲁走进来开始他的日常工作时，汤姆还在店里，接下来看到的一切让他惊呆和欣喜。

汤姆·萨克斯的十诫

1. 照章办事（在现有体系内工作）
2. 神圣空间（工作室是神圣的）
3. 准时
4. 彻底
5. 我明白（给予/得到反馈）
6. 发送不等于收到（一定要得到确认）
7. 列清单
8. Knolling（一个整理过程）
9. 对失误负责
10. 坚持不懈

“安德鲁，你这是干吗？”汤姆问，“你排列每样东西的样子真是太美了，这种方式叫什么？”

安德鲁耸了耸肩，环顾四周，抬头看见墙上高处挂着一家公司（家具设计公司诺尔，即Knoll）的标志，那家公司赞助了汤姆和他的团队正在做的项目，就随口说：“Knolling？”

“就是这样，”汤姆告诉我，“我学会了，然后开始将其用在日常生活中。”

“不过，这么做的初衷是什么？”我问。

“我猜，是为了让他的工作更容易。”

没错，正是如此。

Knolling在家里

第一次见到汤姆的时候，我已经亲身实践Knolling很多年了，却不知道自己做的事情实际上还有个专门的名称。我会把办公桌上的东西排列整齐，也会把家里的桌子整理有序。十四岁的时候，我从跳蚤市场买了9斤左右的锁和钥匙，然后把它们倒在卧室地板上，分门别类归成几堆——这就是Knolling。如今，我每次入住旅馆房间后，都会把包里的东西统统倒出来，然后一边打电话给太太报平安，一边慢慢把包里的物品分门别类。当然，这么做看起来似乎有点强迫症，但Knolling是盘点眼前物件的好方法，而我也没有丢过包里的东西。无论何时，我的日常提包里都有100多件东西。我知道每件东西是什么，也知道它们分别放在哪里。这让我如释重负。

根据汤姆的说法（实际上是常识），具体做法如下：

1. 检查你的工作空间，挑出所有闲置的物品——工具、材料、书籍、咖啡杯。无论是什么，这都不重要。

2. 将闲置的物品从工作空间中拿走。如果不确定是否还有用，请先留在桌上。

3. 将所有类似的物品归为一类——钢笔与铅笔、垫圈与O形环、螺母与螺栓，以此类推。

4. 让每类中的所有物品彼此对齐（平行）或垂直（呈90度角），然后与它们所摆放的表面对齐或垂直。

职业生涯里的大部分时间，我的工作方式都一以贯之：在一张拥挤的工作台上，铺一块大约45.7厘米见方的垫板，周围堆满各式各样的东西。我的囤积癖和耐心的缺乏使我几乎无法适应其他工作环境。Knolling

对我来说就像一种顿悟，同我给清单添上勾选框差不多。用这种方式整理我的工作空间，不但为我的大脑腾出了位置，让我能够更轻易地接受我正在做的工作，还减少了弄丢东西的可能性，提高了物品遗失后迅速找回的概率。此外，它还创造出了更多的工作空间。迫使自己放慢步伐（我已经发现，这事实上能提升我的工作速度），这种整理方法为我节省了工作过程中另一个阶段需要花费的时间。从20世纪90年代初开始，汤姆·萨克斯曾为纽约的多家制片厂工作。在他看来，Knolling有更为实用的价值。他解释说："它是在高密度环境下生活和工作的产物。"

对于Knolling的多重价值，有一个创客群体也许比其他人的认识更直观。这群人就是厨师。他们称之为"mise en place"，这个说法是法国著名厨师乔治斯·奥古斯特·埃斯科菲耶在19世纪末提出的，大致可以翻译成"各就各位"。埃斯科菲耶在普法战争期间从他服役的法国军队里借鉴来了这个说法，它背后隐含的观念实际上是秩序和纪律。特蕾西·德·贾丁斯曾荣获有"餐饮界奥斯卡"之称的詹姆斯·比尔德奖，也是旧金山"花架餐厅"（也是我儿子工作的地方）的大厨。她则用更直白的语言描述了什么是"各就各位"："它是我们所做每件事的内在本质，也就是我们通常说的'收拾好你的东西'。"

特蕾西跟汤姆一样，对在高密度环境中工作并不陌生。在用餐高峰期，每家繁忙的餐厅厨房都可以用"高密度环境"来形容。多年来，特蕾西在许多家全球最著名也最繁忙的餐厅都待过——从法国里昂郊外享誉世界的米其林三星餐厅"三胖之家"，到美国洛杉矶的Patina餐厅，再到名厨迈克尔·米纳早期开在旧金山的高档海鲜餐厅Arur，如今她自己已经坐拥了六家餐厅。

在繁忙的厨房里，"你上菜之前一定会经过很多流程，也就是把各

这个旅行袋里的物品可谓很好地践行了Knolling这种整理方式，不过电源线和剃须刀配件本可以摆得更好。是的，我就怕助听器的电池不够用。

色食材摆盘”，特蕾西介绍说，“‘各就各位’是指将提前准备好的各色食材摆放到位，以便在接到客人点单后迅速摆盘上菜。”

厨房就像高压锅，多余的动作和草率的操作可能会毁掉一道菜，你也可能切到动脉、烧伤手掌、陷入困境，最终导致餐馆倒闭。想要夜以继日地做出符合精确标准的完美菜肴，满足那些挑剔的老饕，“各就各位”是唯一可行的方法。

在烹饪界，没有什么比烘焙更能体现这一点了。如果说烹饪是一门充满激情和创意的艺术，那么烘焙就是一门严谨的科学。令人惊讶的是，特蕾西承认自己是个差劲儿的糕点师。“我讨厌称量东西。”当我们说起她有一次试着在伴侣詹妮弗家里制作香蕉面包时，特蕾西表示，“我通常不喜欢在做烘焙的时候使用这种方法，因为这么做很占地方。我会想：我真的想弄脏那么多碗吗？就不能直接把面粉撒在鸡蛋上吗？在这种情况下，我把食谱上的配方弄错了三次，这一悲剧缘于我只靠脑子来做所有的数学运算。你真的会搞砸！所以，我采用了跟平时稍有不同的做法。我把所有的碗统统拿出来，把所有干料放在这边的碗里，把所有湿料放在那边的碗里，然后再把所有配料混合起来，这么做要容易得多。事实证明，先把所有东西逐一摆开，各自放在适当的位置，然后再组合起来，效果会更好。”

对于作坊里的创客来说也是如此。尽管制造出某件东西需要魔力，但这种魔力之所以能存在，是因为我们在事先做准备的时候，忍受了许多重复的步骤，并小心翼翼地将它们组合起来。而要想把准备工作做好，让一切“各就各位”，唯一的方法就是慢下来，妥善应对并把东西牢牢夹紧——对于创客来说，这是字面上的意义。

欢迎未来的智能夹子

如果我给你看一张我几年前锯一块木头的照片，旁边还有木工杂志上的另一幅图片，上面有个家伙在锯完全相同的一块木头，你知道两者有什么区别吗？我是用脚把木头抵在可移动购物车（带有轮子，车轮可能被锁住了，也可能没被锁住）的一层搁板上，杂志上的家伙则是用台钳将木头牢牢夹紧，保持理想的加工高度。如此一来，他只需要一只手就能操作电锯（不过，他最后用的是两只手），另一只手则可以用来喝杯“椰林飘香”鸡尾酒，或是偷走我高中时代女友的芳心。

在我看来，木工杂志简直就是夹钳界的色情片。它们的存在有一个很好的理由：精密作业需要你对工件一丝不苟，也需要有好的典范向你展示应该如何操作。我确信你们中有些人会觉得这听起来像常识，我羡慕你们的耐心和智慧！但是现在，我正跟一群雄心勃勃的创客交谈，他们意识不到在一块没有牢牢夹紧的木头上使用平翼钻嘴是危险的，也不知道用另一只手紧紧按住手中的木头不算“牢牢夹紧”（是的，我自己就犯过这个错误，还保留了受伤的照片。不，你不会想看到它的[1]）。

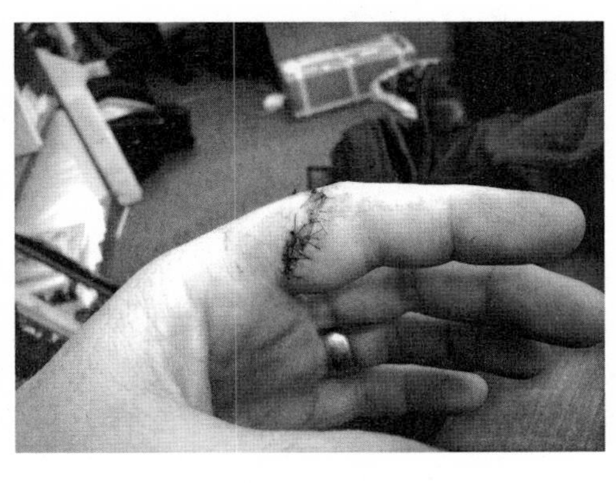

幸运的是，我们生活在使用夹钳的好时代。20世纪80年代后期，欧

1 有朝一日，我希望能做一次讲座，谈谈类似的愚蠢之举造成的手部伤害，但必须是在医学院里，或某个观众能够处理我“受伤”文件夹中所有图片的地方。

文工业工具公司推出了一款木工快速夹具。这家公司之前还是无与伦比的握手牌万能大力钳的制造商。该款夹具特别适合我这种没耐心的人，因为你只需要一只手就能使用它（我有20多枚这种类型的夹具，也一直都在使用它们）。此外，值得称赞的不仅仅是夹具技术的进步，大量工具和材料的出现也使制造变得更加容易、安全与高效。这不仅涉及夹钳、冷却液，甚至能节省时间，还关乎展望或近或远的未来、评估你真正在乎的东西，以免你鲁莽行事，或是因为没耐心放弃为实现目标采取的必要行动。

我知道这听起来有点儿夸张，但实际上并非如此。请相信我，因为你肯定没有试过用大约12.7千克重的铅箔制造一只长宽高均为4米多的热气球。是的，在《流言终结者》的某一季中，我和杰米不得不制造一只铅气球。我们用的铅箔薄得像湿厕纸（一点也不夸张），轻轻一戳就会破。如果你把它弄皱一点儿，就会出现微小的孔隙。如果你把它整个揉皱，然后展开铺在太阳底下，它看起来就像一块蕾丝窗帘。

制造铅气球需要我同自己缺乏耐心的天性作斗争。我们足足花了两年时间才走到"做测试"这一步，就是因为没有人能造出足够薄的铅箔。

许多行业都会用到铅制成的箔片，但大部分铅箔的厚度都超过零点几毫米——大约是一根头发或一张纸的一半。问题在于，如果使用零点几毫米厚的铅箔，制成的热气球根本无法飘起来。我们根据氦气的浮力，艰难地算出了气球该有的体积。显然，我们需要的铅箔厚度不能超过0.02毫米。有两家公司表示自己能做到，但在试验的时候弄坏了设备。最终，杰米在德国找到了一家公司。他们给我们制造了数十平方米的铅箔，厚度仅为0.01毫米。

铅箔入手以后，热气球本身（并使它升空）的制作过程也历经了无

数的讨论、规划和慎重考虑。我们一个制作人甚至咨询了当地一名折纸专家的意见。但这从一开始就有问题，因为折纸是关于折叠的，而铅箔显然无法折叠（我们也不能用手拿着，直接把它裹在热气球的框架上，虽说我有时候偷偷想这么做）。我们必须像《古腾堡圣经》的书页缝制在一起的方式一样（也就是说，要小心翼翼的），将一块块铅箔黏合起来，以便在不犯任何错误的情况下，使注入的氦气均匀分布。如果某个瞬间某一处受力过大，我们所有的努力就会功亏一篑。

最终，在花费一些时间、经过很多次深呼吸以后，我意识到我们可以通过向一个立方体里填充压力制造一个类似球形的气球。这个立方体包含六个正方形的平面，能拆解成一组较小的三角形，这些三角形可以被切平，然后巧妙地移动到合适的位置，沿着边缘依次黏合起来。到目前为止，这是唯一看起来可行的解决方法，需要移动的材料也最少。最后，这个方法奏效了。真是谢天谢地，因为当时唯一比铅箔还要脆弱的，就是我绷紧的神经了。

拍摄完所有重要镜头后，为了实时展示铅气球有多脆弱，杰米朝它扔了一个棒球，把它打了下来，更确切地说，是投球穿过了它。棒球径直穿过铅气球，就像后者不存在似的。整个气球坍塌下来，然后砰的一声落在了地上。这说明了我们距离灾难性的失败有多近。

为了顺利造好铅气球，我们用到了杰米分享的一个小技巧——想象那些“最可能发生的事”。我们通力合作，在脑海中幻想了无数种失败的场景，并在它们有可能严重干扰我们之前毅然将它们抛于脑后。这也就是我所谓的“事先做好充分准备”。它不仅仅意味着放慢速度、确定流程、采取正确方式，还意味着以你在乎的事物为中心，展望你想要创造的未来。

为他人创造

身为创客，在职业生涯中很可能遇到过这样的时刻（也可能暂时还未遇到），你由此实现了从完全为自己制造东西，到为别人制造东西的飞跃。我说的不是送人礼物，而是有酬劳的委托，是工作，或者职业。那些看过你过去作品的人会问："不错，我想要这样的作品，多少钱？"

第一次发生这种事，你会觉得既兴奋又害怕。有人愿意付钱给你，让你做某件东西，而仅仅在一天之前，你还需要付钱给他们，只为获得免费做那件东西的许可。这一点也不符合你这个业余爱好者的逻辑思维，感觉就像你在行骗一样。"等等！你在开玩笑吧？"你的大脑对你说，"你经验不够，还是个没法给自行车装上行李架的小屁孩……"这种想法实际上是"冒充者综合征"，这种症状通常会伴随自我怀疑、恐慌、恐惧和不安等表现，以及"制作你一贯做的东西（大致上不会有什么后果）"的安全感和"为别人制作新东西"的兴奋感，二者的不断内斗。如果你想持续进步，成为一名成功的创客，那你的目标就不必是每次都赢得这场战斗的胜利，而是在创造作品的过程中找到交战双方的平衡。你既不想失去自我，也不想继续犯愚蠢的错误。错误的过去只会浪费你的时间，而现在的错误却可能使你信誉扫地，甚至丢掉工作。

我第一次真正意义上靠制造东西获得酬劳是一段很棒的经历，只可惜接下来发生的事导致它黯然失色。20世纪80年代中期，我在纽约大学帝势艺术学院的时候，结识了一群本校尤为知名的电影专业的学生，其中很多人直到今天还是我的好朋友。他们为了制作低成本的学生电影，总是需要其他人的帮助。从严格意义上来说，我不在帝势艺术学院念书，更像是在那儿瞎混，因为我进入表演系后只读了六个月就退学了。

我参与的第一个大项目是朋友大卫·博尔拉的毕业电影，一部雄心勃勃的奇幻片，名为《石像鬼与地精》，讲的是一家由石像鬼和地精经营的侦探社（当你把两个称呼押头韵的怪物一起放进片名，就知道接下来会很有意思了）。我和大卫经常聊起科幻小说和奇幻电影，都对不可思议、难以想象的事物充满热情。他纠集了包括我在内的一小群人，大家都有同样的艺术鉴赏力，也都会制作布景和道具。当时我住在纽约的布鲁克林区，用从街上捡的东西制作雕塑，而且通常无事可做，显然是个绝佳人选。

这部电影在地狱厨房[1]的一栋废弃建筑物里拍摄了十六个晚上，逼着我们这些多才多艺的剧组成员使出了浑身解数。我们当时的摄影指导迈克是个绝对的通才，既充当摄像师，又负责为石像鬼的双翼制作动画特效。我则为制作道具忙得不可开交，除了给影片中的吸血鬼和无头僵尸熬制了一大堆用玉米糖浆做的假血，还拿来了我父亲收藏的古董玻璃瓶，摆在巫师的房间里充作储存魔药的容器。我制作了很多大锅和棺材，还用不到一百美元（加上打了钉书钉的海绵）造出了一间完整的软垫病室。但我的主要工作是搭建十多个独特的场景。我被分到了美工部门，在无所畏惧的部门同事的帮助下，我们需要给每个镜头做布景。工作量虽然很大，但还是有回报的。在纽约大学的学生电影节上，那部雄心勃勃的影片摘得了数个奖项。在第一部影片大获成功后，我又被另一个好朋友盖比邀请，为她正在制作的一部毕业电影做艺术指导和场景布置。

与大卫那部充满食尸鬼和血浆且两个主角名字押头韵的冒险片不

1 地狱厨房（Hell’s Kitchen），美国纽约市曼哈顿岛西岸的一个地区，早年为贫民窟、房租低廉，加上邻近著名的艺术表演重镇百老汇，许多追求明星梦的艺人发迹前都曾住在此地。——译者注同，这是一部小型喜剧，讲的是一个戴糟糕假发的男人，试图从一台妙语连珠的智能自动取款机里取钱。那台自动取款机变本加厉地羞辱他，只为了迫使他在拿到现金之前摘下他那顶可笑的假发。在跟盖比和导演碰头以后，我们意识到整部电影其实可以只有一个场景——自动取款机亭。这对场景预算来说是件好事，但对道具预算来说就不太妙了，因为我们没办法借一台旧的自动取款机来完成数天的拍摄。这是20世纪80年代中期，根本就没有旧的自动取款机可供出借！尽管相关技术在当时已经存在了20年，但独立自动取款机还不像现在这样随处可见。你不能直接走进加油站或杂货店，就期望可以找到一台能吐出现金的机器。当时的自动取款机都是巨大的野兽，被拴在每个银行分行的旁边。我需要从无到有造出一台自动取款机，以及放置机器的亭子。

制造自动取款机是一次令人兴奋的挑战，尽管为此耗费了相当多的制作预算，但我当时被《石像鬼与地精》获得的赞誉弄得有些飘飘然，认为这个挑战简单可行。不就是一个场景，还有几堵墙吗？自动取款机实际上不就是添上键盘和一些按钮的大型街机吗？小事一桩！盖比在布鲁克林一个朋友的公寓里找了个地方，我可以在那里花一个月时间搭建这个场景。开工第一天，一想到要为另一个好朋友制作另一部炫酷的电影，我就激动得要命。但几乎从次日开始，项目就陷入了泥潭。

我该怎么办？

事情从一开始就出了问题。第一周，我像在高中戏剧社见过的布景工一样，用木架和帆布搭建了自动取款机亭的背景板（也就是戏剧界的“假墙”），并为其上了色。不幸的是，我没有意识到在上色前必须先把帆布固定住。不然，随着颜料渐渐干燥，帆布会变得皱巴巴的。影片开机前一周，当我走进拍摄现场，准备搭建自动取款机亭的假墙时，才发现所有背景板看上去就像卫星拍摄的犹他州沙漠的照片——凹凸不平，坑坑洼洼，布满裂缝。接下来我花了三天时间想把它们压平（但都失败了）。那三天原本是我为制作自动取款机顶篷预留的时间。我愚蠢地将这项工作留到了最后，因为我以为那会是整个项目中最有趣的部分。结果，就像背景板一样，自动取款机的制作过程也搞得我焦头烂额。例如，我小心翼翼地切下了一块亚克力板，原本打算在取款机屏幕周围粘上一圈，却不小心粘到了屏幕背面。我试着把它剥下来，它却裂成了两半。由于没有多余的钱再买一块亚克力板，我别无选择，只好把它固定在原本打算的地方，任由裂缝清晰可见。类似的错误越积越多，后果也越来越明显。

最疯狂的一点是，直到开机前大约五天，我才意识到自己陷入了难以摆脱的困境。为什么？因为那是电影，还是一种勇敢、独立的类型，他们当时称其为“犯规电影”[1]！但我那时还年轻，而且自诩为天才，打算克服千难万险完成这项工作。不管进度慢了多少，我都以为努努力就能迎头赶上。我觉得只要多熬几个夜，将无限的热忱和精力投入眼前的任务，问题就会迎刃而解。这不光是我犯的另一个错误，更是个彻头彻尾的幻觉（虽然在当时的我看来，这个计划似乎非常合理）。后来我才意识到，世界上没有哪项技能让你“睡得越少，干得越好”。

我们预定在一个周末长假进行为期三天的拍摄。当摄制组周五早上出现在拍摄地点，准备开机拍摄的时候，他们希望看到一个完整的片场，一切就绪只等开拍。然而，他们只看到了我在60个小时不眠不休之

1　犯规电影，影片通常画质粗糙，内容极端，淋漓尽致地表达了对生活的绝望，还带有一丝黑色幽默。——译者注

后，疲惫不堪地站在片场中央，其中每一个小部分都有问题。最不可原谅的是自动取款机顶篷完全裂开，无法使用。影片中有很多自动取款机的特写镜头，而我制作的道具根本无法拍摄近景。它上面的标志牌挂歪了，但挂牌子的孔已经钻好，没办法藏起来。背景墙还是皱巴巴的，取款机亭的门打不开，油毡地板也被压弯了，我却还没想好怎么修复。因为就像这件道具中的其他部分一样，我以前从未做过类似的东西，相关知识为零。

正如美国著名剧作家大卫·马麦特所说，每个电影摄制组都是一支解决问题的军队。我们这个摄制组也不例外。大家纷纷卷起袖子，开始竭尽所能帮忙。他们不断问我需要他们做些什么，可我过去从来没有真正地委派过任务，脑子一片空白。我花了整整一个月时间搭建布景，以为一切尽在掌握。如今，幻想破灭了，我显然需要帮忙，却又不知该怎么接受别人伸出的援手。

这场闹剧持续了几个小时之后，一名摄制组成员扭过头来，怒气冲冲地直接问我："你到底知不知道你在干什么？"

我清楚地记得他的沮丧。对于这个问题，你该怎么回复呢？你要如何回应一个全屋子里的人都在质疑你身份的问题？我来告诉你我是怎么回答的——就像印第安纳·琼斯[1]一样。我觉得最好缓和一下紧张气氛，于是模仿哈里森·福特的口气说："我也不知道，但我会随机应变的。"这句玩笑话并没有达到应有的效果。不是因为它不好笑，而是因为这并不是个笑话。那位摄制组成员把手搭在我的肩膀上，面无表情地盯着我说："回家去吧。"

1　印第安纳·琼斯，斯皮尔伯格执导的冒险电影《夺宝奇兵》系列的主角。——译者注被人赶回家是一种耻辱，但我也欣喜于能从那个可怕的地狱逃脱。我把工具留在拍摄现场，徒步走回家。直到影片拍摄完毕，其他所有东西全都被打包搬走以后，我才灰溜溜地回来取。回到拍摄现场后，我发现盖比留了一张字条："打电话给我。"如果你像我一样，生来就不喜欢跟人发生冲突，那么这种声音就像在你的肠道中挖一个洞，就像以强大的力量将血液泵入你的心脏，它的力量之强，甚至你的喉咙也能感受到，耳朵也能听到。回到家以后，我给盖比打了个电话。她的语气很平静，但在逐一列举我犯下的错误时，能明显听出她非常生气。导演打了三年暑假工，才攒下足够的钱来制作毕业电影，而我基本把它毁了。为了弥补我捅出的娄子，摄制组成员不得不熬了三个通宵。盖比说了一句让我终生铭记的话。她说，我做得再糟糕不过了，让她清楚地认识到，她不该跟我做朋友。那就像是一张反向的"贺卡"。

我从未感到如此沮丧，如此抬不起头来。

我给父亲打了个电话。我急需某种指引，某种忠告。我当时没有说出口，也未能从情感上意识到，其实自己真正需要的是帮助。我该怎么办？父亲告诉我，无论是他还是我都没办法做些什么让我感觉好一些。无论从哪个角度看，眼下的情况都糟糕透顶。我唯一能做的就是承认自己搞砸了，同时意识到，虽然我犯了一连串愚蠢和自欺欺人的错误，但这并不能说明我是个糟糕的人。父亲让我牢记这段经历，分析为什么会发生这种事。这样，当下一个机会来临时，我就不会再犯同样的错误。

现在回想起来，我犯的最明显的错误是认为凭自己就能搭建整个布景。在当时，这个错误似乎并不十分明显。我从小就机智过人，总能独自解决问题。无论是玩杂耍、转魔方还是把东西拼到一起，我总会迷上某项技能，然后钻研、学习并练习，直到我做得比大多数人都好。但当你拿着报酬去实现别人的愿景时，在兴趣爱好上“做得比大多数人好”并不等于“足够好”。受雇为别人制作东西的时候，你需要所有人的参与；而十八九岁的时候，我只会单枪匹马出击。

逞英雄没有好下场

哪怕我拥有完美执行一项任务所需的所有技能和经验，在没有别人帮助的情况下，独自行事也是犯傻。这么做不但效率低下，而且，如果所有事都由你一人包揽，你怎么才能学到新东西或者让自己不断进步呢？这是我犯的最大的错误，也是我最真实和惨痛的失败——讨厌向别人求助。多年来，我一直觉得“求助”是个不好的字眼，只是自己不愿承认。我很擅长向别人提供帮助，也从不责难需要帮助的人，但却不愿向别人求助。因为那感觉像是承认失败，一种对我来说极其特殊的失败。

意识到自己拥有制造的天赋，就像超级英雄诞生故事中的觉悟：我发现自己拥有巨大的力量，却不知该怎么运用。我对这份力量的局限和潜力一无所知，只知道我不想放弃它，想用它来行善而不是作恶。要如何做到这一点，如何在整个过程中得到成长，则完全取决于我自己。至于当时我采取的策略，你听起来可能会觉得耳熟：我会接受一个新挑战，然后一个人单干，埋头苦干，加快速度，不断尝试，看看会发生什么事。我没耐心的坏毛病会再次冒出头：帮助？英雄只会给予别人帮助，才不会向别人乞求帮助呢！而我最想做的，就是成为英雄。

我想告诉你的一点是：当你身处团队之中，为别人制造东西的时候，试图逞英雄往往没有好下场。我这人喜欢研究各种技能和神秘的冷知识，获得问题的正确答案或拥有解决问题的适当工具都会让我激动万分。但是，我必须学会诚实地面对自己知道和不知道的，尽管这在某些情况下可能很艰难。无论是你试图欺骗别人，让对方相信你知道自己在做什么，还是自欺欺人，其实都毫无意义，只会导致你更远地落于人后。让我至今还很难过的是，我吸取这一教训的代价是不得不失去一位朋友。我是在毁掉另一名创客的梦想之后才明白，拥有向别人求助的耐心和谦逊，是任何项目顺利实施的关键。

这个教训中最令我惊讶的是，最先问出“你到底在说什么”的人，往往是那些我认识的最聪明的家伙。他们会请你做出解释，帮助他们更好地理解。从这个意义上说，求助不仅仅意味着多一双手或多一双眼睛，它还是一项专业技能，是智慧。只有富于学识的人，才会了解并承认自己的不足。求助是你学习制造新东西与深化技能的最佳方式。

此外，求助也是协作的基础，无论你是学徒、搭档、同事还是老板。我作为美工在布鲁克林辗转住了一年，帮助我的朋友们制作学生电影。在那之后，我陆续在曼哈顿的好几家小型特效工作室打过工。可悲的是，那些地方并不鼓励我学习新事物。它们并不是令人愉快的工作场所，这一点也不奇怪。后来，我放弃了小工作室，找了一份平面设计的稳定工作，然后搬回家住了一年，试图弄清下一步该怎么走。

父母不仅仅是我的避风港，也不仅仅是我最后的避难所。早在职业生涯初期，我就能自由选择工作地点和合作伙伴，但在我失业的时候，他们帮我付了好几个月的房租，这是大多数人享受不到的奢侈，我对此深表感激。如今，同样身为人父的我能清楚地看到，我的父母当时是在往我身上投资。不过，他们肯定时不时会想，这项投资的回报率估计很成问题。

毕竟，我的问题不在于那些特效工作室态度冷淡，而在于我都不知道自己想做什么，更没有详细具体的目标。事实上，如果你不知道自己想做什么，就很难在纽约生存下去。我需要一点空间来理清头绪。于是，到了1990年，我收拾行囊，搬到了纽约往西几千公里外的旧金山。在那里，由于一个偶然的机会，我涉足了那座城市非常火爆的戏剧业。

搬到旧金山以后，我很快在乔治·科茨演艺公司找到了一份工作，担任助理舞台监督。乔治·科茨演艺公司是一家经验丰富的戏剧公司，也是多媒体现场表演领域的领军者。它们作品的特色是3D投影、大型舞台魔术、早期计算机图形特效和精致的大型机械道具。

那几年，我在科茨和其他剧院学到了各类技能，主要做的事跟在纽约恰恰相反。我没有接看似激动人心的项目，然后单枪匹马上阵，假装知道自己在做什么，而是在必要的时候寻求别人的帮助，也在别人需要的时候伸出援手。在这个过程中，我学会了木工、布景设计、铸造与模具制作、装配、服装、家具制作与焊接。我还常常向为旧金山歌剧院工作的美工大师萨弗拉·泰特学艺，花了好几周时间学习画布景。不用说，在泰特大师这里绝对不会出现皱巴巴的背景板。在她的生活中，排名前几位的要素是耐心、勤奋和冷幽默。通过寻求帮助，我学到了很多技能，也热爱其中的每分每秒。最重要的是，在为大型演出的准备工作熬了许多个通宵后，我体会到了作为团队中一员累死累活的乐趣。在我们的创意团队中，所有人都朝着同一个方向努力。

最终，我在戏剧圈子里的表现引起了杰米·海纳曼的关注。他当时开了一间特效工作室，为一家名为巨型影像的电影公司制作特效，那家公司拍了很多商业电影。杰米一直在寻找能够承受压力、从事各类工作、善于快速学习的人才。我拎了一只装满作品的手提箱去面试。经过长达一小时的面试，杰米录用了我。接下来的四年里，我大部分时间都在为他工作。杰米跟曼哈顿的那群家伙恰恰相反——他的整个工作室都向我敞开，供我学习感兴趣的东西。他帮我成为真正的创客，他对我的帮助，比我此前此后遇到的任何一个人都要多。他还让我意识到，我对模型制作和实拍特效[1]充满激情。

做特效的圈子并不大，只要在圈里混上几年，你就会认识相关领域的所有人。在旧金山，这意味着你会跟工业光魔特效公司的艺术家们有交集。到1997年，我已经跟他们模型工作室的六七个手艺人成了朋友。没过多久，他们告诉我工业光魔的模型工作室在招人，他们会替我美言几句，提高我入选的概率。我每周都给他们的老板里克·安德森打电话，连打了三个月，直到他同意让我加入。接下来的几年里，我每天都过得像做梦一样，因为进入工业光魔是我童年时的梦想。

2002年的时候，我还跟杰米保持着联系，不过只是在专业领域有交集。探索频道从澳洲制作公司订购了一档名为《流言终结者》的新节目，节目组联系了杰米，想请他担任主持人，还请他制作试播集。但杰米认为他没法单独主持节目——他需要帮助！于是，他回想了过去合作的人员名单，寻找既擅长制作各类东西又“上镜”的人（我确信他用的形容词是“举止夸张”）。我是他脑海中蹦出的第一个人。他需要帮助，而我能提供帮助。最后，我们组成了“一庄一谐”的完美搭档。我们俩携手制作了很多东西，包括一档连续播出十四季的电视节目，后来又推出了重启版和儿童版。并在数字门户上为创客打开了合作之门，还打造了一台科普剧目，在三大洲的两百多家剧院巡回上演。

1　实拍特效，即没有使用计算机生成图像的影视特效，区别于后期制作计算机合成的“视觉特效”。——译者注

我们是如何做到的？

我还以为，在加入《流言终结者》节目组之前，“求助”对我来说已经不是问题了。但事实上，这个问题就像北欧传说中的狂暴战士一样，只是改变了形态，致力于让我坚持自己的做法。只不过，这一次我是身为老板——不但在《流言终结者》节目拍摄现场是老板，在位于旧金山教会区的测试总部也是老板。身为工作室负责人，我的一部分工作是将基本任务委派给团队成员，以便专注于做能让工作室运转得更重要、更高级的工作——与客户见面、提出创意、支付账单，等等。

听起来挺简单的，对吧？确实。但如果你跟我一样，干活速度超快，而且热爱从清单上划掉已完成任务所带来的成就感，那么将基本任务委派给别人就没那么简单了。如果我能在一个小时内做完某件东西，而经验不足的创客可能要花上两三个小时，那么我就不会想“我怎么才能帮助他们更快做完？”而是会想“为什么我不直接自己做？”接下来，我就会撸袖子自己动手，把第一个问题抛在脑后。

这导致我不擅长委派任务，也导致我过去工作效率低下。我最大的问题就在于想做的事太多。我之所以把事情全留给自己，是因为我知道，自己能比其他人更快地完成每项任务。然而，最终结果是什么也做不完。而且，由于我一贯没耐心，也没能帮助年轻的合作者学到新技能，让他们变得更出色，结果工作室自然而然陷入了停滞。单项小任务是完成了，但整体工作却没有；每件事都半途而废，每个项目都无法完工，没办法接新项目。这意味着我不得不向团队成员求助，不得不把任务委派下去，而这么做的感觉糟透了。看起来像是我不信任自己的合作者，但事实上，这与他们无关，只与我自己有关。

我并不是唯一有此毛病的人。简·沙赫特除了跟我一样痴迷制造，还是一位大师级的创客和极有条理的思想家。她的使命是为下一代创客配备工具来完成她所做的事情。然而，她自己在工作中也不喜欢委派任务。“让我纠结的一点是，有时候自己做某件事，要比训练别人按你的思维方式来做容易得多。”她说，“我可不想抽出自己做事的时间，把其他人牵扯进来。”

对此，我深有同感。要让其他人理解你的做法，弄清你是如何得出结论的，并意识到这是完成特定任务的最佳方法，实在是太难了。四十年来，我一直在努力这么做。从菜鸟到如今的工作室负责人，我一路走来历经艰辛。无论给我多少时间，我都不可能把所有背景故事、理论依据解释给别人听。我可以告诉他们该做什么、该怎么做，但没法说清我怎么知道这才是最佳方法。

简明白这是个问题，我们打电话聊到这里的时候，她说：“我坚持用特定的方法做事，有时候会觉得‘没人能做到跟我一样’。”她的声音渐渐低了下去，没有把后面的话说完，仿佛知道我明白她要说什么。我们俩都心知肚明，这不是工作室负责人该有的态度。她没说出的后半句话是“所以还不如我自己做呢”。

极具讽刺意味的是，当能卸下“老板”的身份，只以创客的身份思考时，我们俩都很喜欢“协作”这门艺术。事实上，简不光是我的朋友，还经常与我合作。前总统奥巴马在白宫举行的最后一次庆祝活动名为“南偏南草坪”，是在白宫的南草坪上举办的，与得克萨斯州的“西南偏南”音乐节遥相呼应。我的构想是立起一块巨大的发光标志牌，负责设计的就是简。我们与来自巴尔的摩数字港基金会的50个孩子一起，花了14个小时搭建起了简设计的令人难以置信的作品。第二天一早，我做了一件从没想过的事，它完全可以排进我的“人生最酷瞬间”：我跟简一起，把一辆U–Haul厢式货车开上了白宫草坪。不过，美好时刻并没有持续太久。特勤局立刻客气地通知我们，我们只有八分钟时间卸货、组装并撤离。我们不但做到了，还少用了一分钟。真是激动人心！

“独自做项目的时候，会有一种超然的感觉，就像进入无我境界，做什么都得心应手。但跟其他人一起做项目的时候，感觉则完全不同。”当回忆起我们在白宫项目上的合作时，简说道，“那种感觉令人满足。你们都置身于另一个空间，甚至不用言语也能沟通。你只需要看对方一眼，对方就能料到你想说什么，并把你想要的东西递过来。”

在与杰米·海纳曼合作的过程中，这正是我最喜欢的一点。我们是两个截然不同的人，但在《流言终结者》的作坊里，我和杰米几乎可以一起打造任何东西，只通过比画、涂鸦和简单的代词进行交流。

在简看来，合作的乐趣远远不止于此：“打造你无法独立制造的东西，确实让人感到心满意足。你一个人无法制造，通常是因为它们涉及的领域太广，但更多是因为你没有足够的知识储备。最能带给我满足感的是需要很多人的专业知识、技能和努力才能完成的项目。事后，我们可以看着成品，说这不光是我一个人的成果，而是大家共同努力的结晶。”

认可的不同层次

正如我一度不擅长向人求助，“与人协作”中有一课也是我很晚才学会的，那就是感谢与赞赏。而这很可能是走向完美的必要条件。也就是说，感谢别人（你与之共事或为其工作的人）为你提供的帮助，无论你是否向他们求助。如果你身为老板，尤其需要注意这一点。

《流言终结者》的拍摄周期长达十四年，大多用的是同一批摄制人员，其中很多人从跑腿和实习生成长为了业内著名的制作人、摄像师和创意人员。我们像一家人一样做节目。也就是说，所有人都看到了彼此最好的一面，也看到了最糟的一面。我有时候脾气好，偶尔脾气差，但受坏脾气影响的不光是我自己。作为这档节目的老板之一，我的坏脾气会如潮水般涌入制作流程，影响整个拍摄现场的气氛。

而我之所以脾气不好，往往可以追溯到我管理（或不管理）工作的方式。我花了很长时间才弄明白，问题并不在于委派或协作，而在于沟通。摄制人员多次犯同样的错误、成片无法达到我或杰米的标准、制作陷入困境、我不知何故感到沮丧……但由于我不喜欢跟人对质，往往要花很多时间才能弄清症结所在。那些问题原本只是小树苗，我却放任它们长成了森林。

我到底做错了什么？为什么我就是不能吸取教训？！这些是我在拍摄期间的内心独白。有一天，我突然意识到，身为一名创客，我学到的最有价值的东西都来自雇主或客户的反馈，而我几乎没有向自己的团队提供任何反馈。我这人天生就不爱说对方不想听的话。但回首往事，我发现，向合作者提供适当的反馈是很有必要的。例如，赞扬他们的工作，感谢他们的努力，纠正他们的错误。

在我看来，反馈有不同的程度。“认可”是分层次的，从“积极正面”向“消极负面”过渡。随着不断深入，给出反馈会变得越来越艰难，也越来越有意义。第一层是简单的“感谢”：在需要的时候说“真棒！做得好！”当有人伸出援手时说“谢谢”。这只是基本礼貌，并不需要大张旗鼓地公开宣扬。

下一层是“鼓励”：告诉帮助过你的人，为什么说他们做得很棒。

我可能会对《流言终结者》的首席制作师说："嘿，托里·芬克！我看得出来，你很享受制作那件道具。这从道具本身就能看出来，它提升了整集节目的水准。谢谢你做得这么棒，而且向我展示了你全新的一面！"这话听起来似乎有点俗气，但如果你每天工作12 ~ 16小时，连续工作好几周，你会很期望自己的努力能得到老板的认可和赞赏。

再下一层是"激励"：向别人说明为什么他们特别适合做现在所做的事；解释他们如何为全局做出了宝贵的贡献；提醒他们，如果没有他们，你就不可能有现在的成果。"鼓励"是指出所有艰苦的工作都没有白费，"激励"则是在重要时刻促使别人做得更好。

不过，从"建设性批评"开始，反馈就从"积极正面"转向了"消极负面"。这正是让我最困扰的一点。建设性批评通常看起来简单——如果事态发展不顺利，或是某人负责的项目需要调整方向，你就给他一些指导——但事实上却很棘手，因为在你看来也许没什么大不了，但在对方眼中却是消极负面的指责。没有人喜欢听到被说做得还不够好，但从与他人合作的角度来说，提供真诚的反馈至关重要。我不喜欢说别人不想听的话，但我会提醒自己，提供负面反馈就是往对方身上投资，因为如果我真觉得他们一无是处，就会直接炒他们鱿鱼，才懒得向他们解释哪里做错了呢。牢记这一点有助于我给出更好的建设性批评。

再下一层是"修正航向"：某个项目偏离了航向，我们需要集结力量将它拉回正轨。通常来说，是项目这部分的负责人偏离了正轨，但彻底修正航向绝不是一个人的事。正如只需一个人就能让火车脱轨，但让它重回正轨却需要一支军队，当项目偏离方向的时候，你应该反馈给整个团队。

最后也是最重要的一层是"直言不讳"：向某人指出，他的某些个性特征阻碍了别人前进。对我来说，这真的很难办到。正如前面提到过的，我不喜欢说别人不想听的话，但又喜欢跟自己的团队一起工作，不希望任何东西破坏协作的氛围。你瞧见了吧，我实在是不喜欢跟人发生冲突，哪怕是必须解雇某人，都不愿提到“解雇”这个词。

无论你是与朋友、家人、同事、供应商、老板还是客户一起工作，做好“认可层次”的每一层都非常重要。因为在这方面，你没法向别人求助。如果你身为老板，就需要担起责任，在适当的时候提供适当的反馈。也许这对你来说挺新鲜的，就像我在拍摄《流言终结者》头几季的时候一样。但是，你不能拿新事物带来的恐惧当借口，恢复旧习惯或一贯的做事方式。

制造（或任何创意门类）的残酷之处在于，无论你在职业领域有多大进步，新事物带来的激动和恐惧都永远不会消失。事实上，你的成就越高，经验越丰富，就越能客观认识自己工作和智慧的不足之处。注重细节的手艺人永远不会缺少自我怀疑。因此，你最好跟它做朋友。如果你不知该怎么做，我的建议是：保持耐心与谦逊，询问有过类似经历的人。

第五章

截止期限

我们不擅长与时间相处。我们努力管理时间，利用时间，甚至将它概念化。但在做某些重要事情的时候，我们常常觉得，要么是根本没时间，要么是时间无限多。这两个极端都可能成为我们的“拦路虎”。时间太多或太少，都会害得我们陷入泥沼，结果什么也做不好。

根据具体表现形式，我们对这种现象有不同的称呼：拖延症、追求完美、分析瘫痪、希克定律、选择悖论。无论你怎么称呼它，这种倾向都是创客的痛苦之源。如果不采取任何措施，它也会成为我的痛苦之源。

这就引出了“截止期限”。上一章说的是如何提高效率、寻求帮助并向别人提供帮助，截止期限说的则是自己帮助自己。我爱截止期限！它们是修剪决策树的链锯，能够让人突破极限，理清思路，集中精力。它们也许是世界上最强大的效率提升工具。而且，你不用读专业书籍也能学会设定截止期限。

截止期限还能阻止你找借口。它们会砸碎我们竖起的高墙，这些高墙阻隔了我们真正想尝试的陌生事物。身为创客，这些高墙就是我们为“没有创造”“没有开工”“没有制造”“没有工作”找的借口：我不知道该造些什么，我不知道该怎么制造，如果我搞砸了怎么办，我没有足够的工具！给自己设定的时间限制就像炸药，能够摧毁你与创造力之间的障碍。截止期限也许无聊透顶，需要花时间适应，但当你坐在工作台或办公桌前，眼前摆着已完成的项目时，几乎都得感谢截止期限。你只需要做一件事，那就是乐于接受它们。

再多给几周就好了

我刚进入工业光魔公司，开始为《星球大战》做特效的时候，心中暗暗希望，每天都要经过的那几扇门会通往模型制作师版本的《查理和

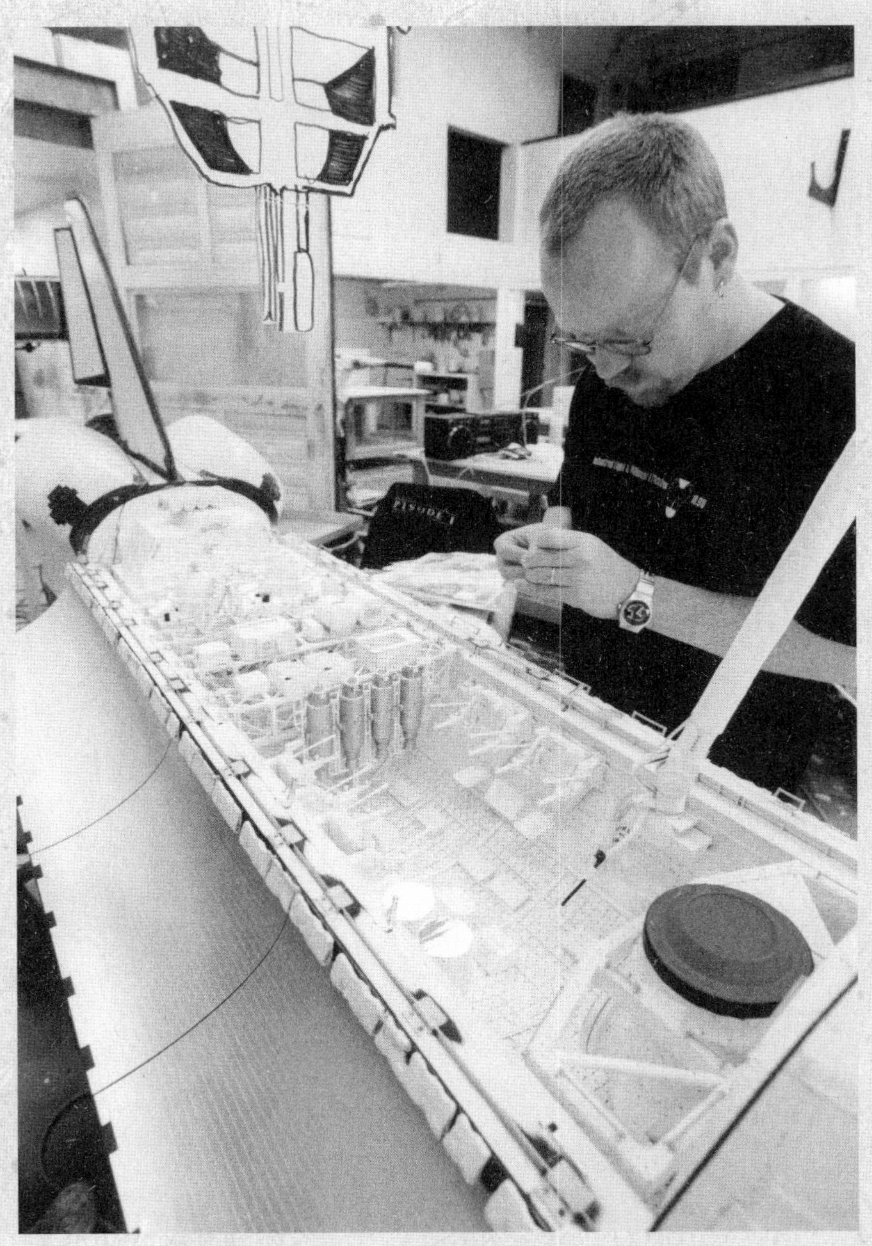

我在电影《太空牛仔》中主要负责制作并组装载荷舱中的所有物品。辛苦拧紧航天飞机舱门上的每颗螺母和螺栓，还真是我梦寐以求的工作啊！

巧克力工厂》[1]：墙上滴落五彩斑斓的颜料，包含潘通色卡上的每种色彩；随便摇晃一棵树，都会落下你能想象出的各种类型、各种尺寸的螺栓、螺母、螺钉和紧固件；每扇门背后都藏着全新的创意奇迹。从某种意义上说，实际情况确实如此。在工业光魔公司，从不缺少工具、材料或专业知识。缺少的只有时间。无论你投入多少时间用于工作，时间永远都不够用。

完成《星球大战前传1：幽灵的威胁》后，我接到的第一批项目中有一部就是克林特·伊斯特伍德执导的一部小制作电影《太空牛仔》。影片讲述了一群退休的老宇航员被紧急召回，进入太空抢救一颗出故障的卫星。我之所以形容它是“小制作”，是因为21世纪公司拍摄的大多数太空电影预算都过亿（主要是考虑视觉特效的成本）。相比之下，制作《太空牛仔》只花了6500万美元。这意味着特效预算相对较少，而成片质量和屏幕真实感还要保持一定水准。

在那部影片中，我的工作是打造虚构的航天飞机载荷舱内的一切，克林特和他的伙伴们将乘坐那艘航天飞机去抢救卫星。如果那是一部高预算电影，就需要拍摄剧本里要求的所有航天飞机镜头，通常我们会制造几种不同尺寸的飞机，加上用于拍摄特写镜头的细节部分，还有用于广角镜头拍摄的细节不那么精致的部分。但由于《太空牛仔》的预算太少，为了方便拍摄各类镜头，我们不得不制作一个极为精致的飞船模型，长度大约2.13米。

---

1 《查理和巧克力工厂》，英国著名儿童文学作家罗尔德·达尔所著童话，鬼才导演蒂姆·波顿曾执导同名魔幻片，生动展现了威利·旺卡巧克力工厂中神奇壮观的世界。——译者注

我们利用美国宇航局提供的正投影设计图[1]，参考真实航天飞机上的外部细节，在模型外表面刻出一条条线，体现出每块独立的隔热板，然后用能找到的最小的转印贴纸，给每块隔热板逐一贴上序列号。我们精心复制了航天飞机舱内的每颗螺母和螺栓、每条铰链、每个门把手，逼真程度令人咋舌。我们这个小团队总共只有七个人，每个人都拥有不同的专业技能。经过长达十周艰苦卓绝的努力，我们携手打造出了（我确信是）有史以来最精确的航天飞机模型。

我们团队中的一名成员是工业光魔资深员工、传奇雕塑家伊拉·基勒。伊拉在工作室里极负盛名，因为只要给他一块白蜡木加一把微型刨子，短短几天后，平平无奇的木块就会变成小汽车、飞机机翼或是《星球大战》里帝国暴风突击队的头盔。他会将若干块木板黏合起来，用立式带锯机床进行切割，用凿子和木锉进行粗加工，然后用不及食指长的小刨子刨出细小的木屑，直到剔除掉所有多余的东西——借用雕塑家米开朗琪罗的话来说，就是"将天使从大理石中解放出来"。

我们一起工作的时候，近距离观察他做这些事情，总是让我惊叹不已。但让我永生铭记的是他最喜欢的一句口头禅。他会拿砂纸打磨航天飞机机身与机翼间的美妙曲线，时而退后一步，仔细打量一番，漫不经心地说："你瞧啊，再过几周，这个模型会很不错的……"

几十年来，伊拉一直把这句话挂在嘴边，就像电影《疯狂高尔夫》里的喇嘛念经一样，他的这句口头禅总能逗得我们咯咯直笑。这是一种很能引起共鸣的感伤情绪。每个人都希望能有更多的时间，但问题不在于预算或人手，而在于截止期限。我们有10周时间，看起来似乎很长，

1　正投影是一种在二维空间中展示三维物体的方法。

但我们总共只有7个人，要做的这个模型细节又如此丰富，而且绝对不能搞砸，10周时间其实紧巴巴的。但没有人会说“要是再多点人手，或是再多几百万美元，那就好了！”他们说的是“要是能再多给几周时间，想象一下我们能做成什么样！”

这正是在谈到截止期限时不该落入的陷阱——你不想将它们视为反派。你应该欣然接受它们，因为有时候投入更多时间并不一定能得到更好的结果。事实上，我认为“时间不够”对制造东西（尤其是完工）至关重要。如果我们在《太空牛仔》的航天飞机上再多花两周时间，你知道结果会怎么样吗？我们会没法完工。我们会希望在上面再多投入两周时间，然后，我们的下一个大型项目就会被推迟一个月！值得庆幸的是，早在跟杰米一起做广告特效的时候，我就懂得了这一点。因此，我很乐意在“查理的巧克力工厂”里为了赶时间而忙碌，而不是暗暗反感悬在头顶的截止期限。

一切有何意义？

我在巨型影像公司为杰米工作的时候，我们每隔几天就会制作一个系列广告，从不考虑休假、病假或职业倦怠。我们在每个项目上时间都不够用，简直到了令人震惊的地步。工作永无休止、高度紧张又令人兴奋，但这样的工作节奏很有意义。因为，通过以各种形式追赶截止期限，我学会了辨别轻重缓急。

我刚进入公司不久，就为玩具反斗城制作了一个系列广告。他们在短短三天时间里拍摄了十二支独立的广告（如果你想知道我是怎么看的，我觉得这简直是疯了），每支广告都需要用到特定的特效装置。其中我最喜欢的是一支笔，看起来像在幽灵手中舞动。拍摄过程中，我花了一个半小时调整姿势，在取景框外用肉眼看不清的金属丝操纵那支笔，让它看起来像在写字。要做到完美实在很难，导演卡尔·威拉特也看得出来。因此，在拍摄的间歇，当摄制人员调整镜头的时候，他走过来安慰我说："请记住，亚当，你必须做到完美，因为每重拍一个镜头都要多花好几千美元。"真得谢谢卡尔！他虽然是在开玩笑，但说的也是实话。在任何拍摄现场，时间真的就是金钱。由于时间和金钱都是有限的，所以拍摄总是面临"一次到位"的巨大压力。

可是，在玩具反斗城广告的拍摄现场，情况变得越来越糟糕。这回捅了娄子的是杰米。有一支广告需要用到灵敏的弹簧式魔术装置，为了制造那件装置，他已经足足忙了一周。等到要组装起来进行拍摄的时候，某个关键部件突然裂成了三瓣。在我和杰米看来，那玩意显然是报废了。无论如何，它都不可能在规定时间内用于拍摄。

这就带来了一个严重的问题。首先，有一支四十人的摄制团队站在原地，拿着薪水却没事可做，只等杰米把那件装置修好，好让他们完成当天的工作。其次，杰米和玩具反斗城制作公司签了协议，需要为其所拍摄的广告提供特效支持。现在，其中一支广告根本拍不了了。从严格意义上讲，这意味着他违约了。

面对惊人的压力，杰米的反应既令人惊讶又鼓舞人心。他一点也不情绪化，既没有担忧也没有发怒，更不是漠然。他平静地凝视着制作人，说："我认为，要在今天结束前拍完这支广告，我们有三个选择……"随后，他谨慎地摆出了三个全新的解决方案，并把各自的优缺点讲了出来。现在回想起来，那是杰米唯一的选择。但在当时，他向合作者介绍这些选项时表现得处变不惊，表明他对截止期限的本质有着深刻的理解。显然，他很了解截止期限在创意过程中所扮演的角色。

请想象一下杰米当时的处境：他制造的装置坏了，根本无法使用；他签了协议，要为广告提供特效支持；总共要拍摄十二支广告，但只有短短三天时间。此时此刻，没有时间道歉、找借口或发脾气了。这件事必须搞定！他只需要弄清自己有哪些选择，让制片人挑选一个，然后继续向前推进。他们也正是这么做的。制片人选了一个，杰米安排我着手制作，他自己则为下一支广告做布置。最终，我们解决了麻烦，接下来的拍摄一切顺利。

我的朋友达拉·多茨对类似的压力也不陌生。达拉是人道主义组织“现场就绪”的联合创始人，她与麾下的设计师、工程师、创客团队掌握多种快速应对技巧，为灾区和出现人道主义危机的地方提供救助，帮助当地解决紧迫的基础设施问题，例如下水管道和灌溉系统损坏、临时住宿、电网瘫痪和道路不通。他们设计解决方案，负责搭建，然后教给当地人，以便当地人在团队离开后继续维护。他们就像头戴安全帽、腰挎工具带、配备CAD制图软件的守护天使，每份工作都是在生死攸关的截止期限内完成的。

“那是我的日常生活，”刚从海外回来的某一天，她在电话里告诉我，“我每天都会遇到灾难，都会说‘哎哟糟了，我们得尽快修好才行。’等我们让一切重回正轨以后，就该说‘好了，现在我们只需要一些东西来把它们弄去下一个地点。’”

遇到类似的情况时，很多人都会当场僵住，动弹不得。这是达拉将人道主义组织发展至今天学到的众多教训中最艰难的一课。“最重要的一点是，弄清可以往哪些人身上投资。”她说，“有些人能做到，有些人则做不到，现实就是这样。”有些人没法胜任“现场就绪”工作的原因，也是某些创客在截止期限逼近时陷入瘫痪的原因：他们将失败的后果看得太重，认为无法满足时间压力就是失败，意味着自己是失败者。如此一来，压力就会大到让他们难以承受，从这个角度来看，他们其实是过于自大了。认为复杂搭建的成败（无论是在模型工作室、商业电影拍摄现场还是在灾区）反映了你是什么样的创客，是什么样的人，这未免有点过分了吧？

像达拉一样，杰米也对这种消极思维免疫，因为他清楚我们为什么会在这里，我们付出努力是为了什么。四十人的摄制组之所以在这里，不是为了我们做的特效装置，而是为了给玩具反斗城拍广告。我们作为模型制作师和特效制作师，当然更愿意选择多花点时间把最初的装置修好，使它能像我们设计的那样完美运作，但我们并不是整场演出的明星，只是这个特定场景的参与者，我们的工作是推动剧情向前发展。正是截止期限带来的巨大压力促使杰米理清了自己的决策。

截止期限能起到帮人理清头绪的作用，每个创客都应该将其融入自己的工作。朝着“完工”的方向前进时，我们应该反复询问自己：“这个项目的本质是什么？”随着最后交付日期的临近，我们更应该频繁地问自己这个问题，因为它有助于我们认清自己为什么在这里，这个项目的意义是什么。如果你是为自己制造东西，就更是如此了。因为项目的最终成品可以变成任何东西，那么它究竟是什么呢？截止期限不该像老虎钳那样慢慢碾碎你的头脑，而应该像筛子一样，在时间压力之下筛掉不必要的东西，只留下最基本的要素。

从某种意义上说，这就是创客眼中的“世界末日”问题：如果明天世界就要毁灭，你今天会做些什么？对于像达拉·多茨这样的创客来说，这个问题其实很现实，会带来立竿见影的效果。对于我们这些普通创客来说，这个问题的答案则会让我们意识到，自己究竟最看重什么，项目本身是什么性质，以及迄今为止自己所有的工作有何意义。

让它顺利运作

日复一日、周复一周地忙于广告特效，每个小时都要解决一连串新问题，这才是我真正接受的大学教育。在此之前，我从剧院工作中学到了不少东西，相当于研究生水平的学业。广告工作不但帮我弄清了工作的目的，还教会了我如何在最糟糕的情况下继续推进。因为，当每分钟都要烧掉数千美元的摄制组在等你完成承诺能运作的装置时，你根本没时间犹豫不决或含糊其词，只能尽快让它运作起来，然后冲出去解决下一个问题。

1997年，我有幸与我的朋友、出色的美术指导露西·布莱克威尔合力制作可口可乐电视广告。那支广告的基本创意是，有人从一台极具未来主义特色的自动售货机上买了一杯可乐。随后，观众的视角将钻进机器内部，看看可乐瓶是如何被选中并开启的，是如何被倒进玻璃杯，然后送到口渴的购买者手中的。整个流程将通过一套精巧至极的联动装置来实现。

弹珠沿着勺铲组成的台阶一级一级往下蹦，机械篮子倒出的鸡蛋迫使配重罐向上滚动，毽子掉进小碗，音叉翻转，冷冻管中释放出三个冰块，一块接一块撞上橡胶鼓面，然后精确地弹进0.5米开外的玻璃杯（用同一个镜头呈现）。接下来，头一个镜头中的最后一颗弹珠将滚下由瓶盖组成的台阶，触发可乐瓶开启并倾倒，一只即刻充气的橡胶手套托住瓶颈，将可乐倒进装有冰块的玻璃杯中。

总而言之，这台联动装置包括十几个机械部件。我们需要设计加工每个部件，在为期两天的拍摄过程中现场操作，并不断解决出现的问题。我们的雇主只提了两个条件：第一，所有装置必须是实用的，这意味着我们在广告中看到的所有东西都必须在镜头中发挥作用；第二，在七周内完成整个装置。

刚开工的时候，七周时间似乎太奢侈了，这导致我们沉湎于种种选择。该用哪种弹珠？是大是小？要多少颗？是要可口可乐商标的红色，还是几种颜色相间的？我们在每个选项上都斤斤计较。但随着拍摄日期的临近，我们没了挑挑拣拣的闲情，而是觉得时间不够用了，就连造出各个部件都困难。

在拍摄现场，我们还是觉得时间不够用。最后一天拍摄临近结束时，由于冰块弹跳装置总是出问题，紧张气氛达到了顶峰。这一部分的联动装置其实很简单：三块冰块相继撞上紧绷的橡胶鼓面，一块接一块地落进一只经典的可口可乐玻璃杯，全过程用同一个镜头呈现。但说起来容易做起来难，我们不能用真正的冰，因为拍摄要用强光照明，冰块不到一秒钟就会融化。我们有漂亮的假冰，但也用不了，因为每块略有不同，弹跳轨迹无法统一。幸运的是，我从杰米的工作室里找到了一只盒子，上面贴有“假食品”标签，里面装着几块一模一样的透明亚克力“冰块”。如果我把它们一块叠一块摆好，它们最后就会落到我想要的地方。

结果，鼓面才是最棘手的问题：炽热的布景灯烤热了橡胶，鼓面的弹性随之改变。彩排的时候“冰块”会弹进玻璃杯，但正式开机后灯一开，“冰块”总会落偏。我简直焦头烂额，内心的完

整主义和完美主义倾向开始冒头。我真想从过去七周中偷回一些时间，找出最优雅、最美观、最有创意的解决方案。不过，我从与杰米合作的经历中学到了不少，知道眼下最重要的是把广告拍出来。为了达到这个目的，必须剔除所有奢侈的选项和优雅的方案，抛开所有“你怎么把自己搞到这个地步”的自责，找出最简单的方法来搞定这件事。

我还清楚地记得，在我站在那儿绞尽脑汁直摇头时，几名摄制组成员一脸怀疑地盯着我。他们根本不相信这套装置能顺利运作，也不吝于表现出来。我迫切想找出一种机械式的解决方法，但很快意识到，在受热变形的鼓面上，“冰块”弹出的距离就是会不断变化。于是，我不得不把一切完全掌握在自己手中。每次拍摄的时候，我都会手动调节鼓面的位置，从而控制“冰块”弹出的距离，确保在灯光全开、机器开拍的时候，“冰块”能在撞击鼓面后落进玻璃杯。最后，他们拍出了五个还不错的镜头。对于以实拍特效为噱头的广告来说，没有什么比这更实际的了。[1]

这就是截止期限对创造性思维的好处。它们能帮你穿越重重障碍，修剪掉决策树上所有漂亮的分枝，这些分枝会分散你的注意力，或是在你向上攀登时无法承受你的重量。请想象一下：做某个项目的时候，你可能有25 ~ 30个零散的目标。但一开始，你并不清楚有多少是能为项目服务的，有多少是你个人的创意喜好。如果可供使用的资源没有任何限制，每个目标都可能获得你同等的重视和关注，这会导致整个项目的生命周期延长好几年。但在截止期限的帮助下，你就会根据项目的需求对目标做出调整。随着截止期限的临近，不影响主体功能的目标会被收

1　广告片请见https://vimeo.com/35240952。直到今天我还很惊讶，他们竟然让这支广告上了电视，真是太不可思议了。它至今还是我最喜欢的广告作品。

缩，变为附属，然后消失。很快，在不知不觉中，你就拥有了能实现十几个最初目标的成品，其中每个目标都对整个项目至关重要。

以可口可乐广告为例，我想用真正的冰块和光滑漂亮的鼓面，这其实只是个人偏好。最重要的是，我需要让弹冰块的装置顺利运作。步步紧逼的截止期限为我排除了无数其他可能，让适当的解决方案浮出水面。作为一名创客，无论你是给自己还是为客户制造东西，都应该考虑给项目设定截止期限。如果你是个有强迫症的完美主义者，遇事喜欢打破砂锅问到底，那就更该如此了。截止期限能帮你专注于对项目最重要的因素，避免变成某些可怜的艺术家——他们因为追求完美，迟迟无法走向卓越。

完美乃完工之敌

通常只有设定截止期限，我才能把项目做完——尤其是我追逐某些隐秘的激情，打算为自己造点什么的时候。录制《流言终结者》期间，我们的日程非常紧凑。大多数电视节目都会用几个月时间拍摄，然后休息一阵子，但我们不是这样。为了满足探索频道的交付需求，我们一年拍摄四十二周，每拍三个月休息两周。结果，即使在不那么忙的月份，我最多也只能花五到十个小时在工作室里做自己的项目。遇到特别忙的月份（忙的时候总是多于不忙的时候），我几乎没有空余时间，结果手头的项目一拖就好几年，只能偶尔捡起来做一做。尤其是其中一个项目，科幻恐怖片《异形》中的太空服，我足足拖了十五年才做完。幸亏设定了“参加漫展”这个截止期限，它才得以完工。

雷德利·斯科特执导的《异形》一直是我的大爱。这部影片不但拥有许多出色的特质，还塑造了科幻小说史上最生动的异世界。雷德利与荣获奥斯卡奖的设计师约翰·莫罗构建的世界是如此触手可及，如此栩栩如生，每件物品似乎都是那个世界的一部分。我完全能想象出自己身处商业运输飞船“诺史莫号”之上，当船员们收到求救信号（这是整个故事的“引发事件”）并降落在未知星球表面做调查时，我该去哪里，会做些什么。

与20世纪中叶科幻电影描绘的银灿灿的乌托邦不同，《异形》是工人阶级的科幻小说。因此，“诺史莫号”船员追踪求救信号来源时的装束，是我在电影史上最喜欢的太空服。太空服是法国传奇漫画大师莫比斯（又名让·吉罗）在《异形》美工部门短暂任职期间设计的，这个部门讲故事的方式是我最喜欢的，这是一个大师班。太空服看起来饱经风霜，磨损褪色，是早期深海潜水服与武士盔甲的结合体，由翻新部件和不协调的细节拼凑而成。在它们身上看不到浪漫气息，只有鲜血、汗水与太空尘埃。所以，当然了，我一直想要一件。

2002年，我开始复制《异形》中凯恩（由约翰·赫特扮演）穿的太空服。我花了好几个月时间搜集图片，扫描旧杂志，收集能找到的所有信息。其间我有幸接触到了影片中的一件道具服（女演员维罗尼卡·卡维特穿的那件），并花了几个小时测量尺寸，绘制草图。这有助于解决太空服软质部分的问题。在硬质部分动工之前，这些信息可谓至关重要。而硬质部分制作起来实在艰难，我足足花了三年时间，离完工还差得很远。

因为有太多小零件、小细节要处理，这个项目拖了又拖。我有两本巨大的活页夹，里面塞满了信息、图片、计划、特写、蓝图、我自己画的草图和一摞摞的清单，还有好几千兆字节的参考资料存在某处的移动硬盘上。每当《流言终结者》不足以占据我八成精力的时候，我都会心

我这辈子身材最壮硕的一刻。

2016年万圣节，我在旧金山教会区家附近扮成龙猫。这张照片是我太太茱莉亚·沃德拍的，也是我最喜欢的照片之一。

血来潮地一头扎进这个项目。不过，时间都不会太久，不足以让我一口气做完。

从2013年开始，我们在《流言终结者》上的工作量减少了一半。随着系列节目开始步入尾声，每季从二十集减少到了十到十五集不等。这让我有更多时间可以泡在工作室里，也为我的大脑留出了更多创意空间。同时，也让我意识到，要想一劳永逸地做完太空服，我就必须改变做法。它已经拖得够久了，必须设定一个截止期限。于是，我选择了2014年7月的圣迭戈国际动漫展。

十多年来，我一直参加漫展，有时是担任评委，有时是为了满足自己对角色扮演的热爱，有时是两者兼而有之。我会亲手制作精美的服饰，然后穿上它们参加漫展，看看会不会被粉丝们认出来。第一次是2009年，我扮成了地狱男爵。2010年，我穿了《流言终结者》某一集用过的《星球大战》帝国暴风突击队服。2011年，我扮成了日本动画片《千与千寻》里的无脸人。2012年，我化身奇幻电影《指环王》里的戒灵。2013年，我扮成了《加勒比海盗》里的杰克船长以及《星球大战3：绝地归来》中的阿克巴上将。在计划2014年的装扮之前，我就知道，我会做完《异形》中凯恩的太空服，当年夏末穿着它去参加圣迭戈国际动漫展。

直到今天，我都想不通自己是怎么做到的。但我知道，如果没有设定截止期限，我内心的那个完美主义者就会继续沉迷于琐事，永远没法取得进展。我会纠结哪种灯最好、哪种散热风扇看起来最真实，专注于除了我之外没人会在意的东西。但有了七月的截止期限，我就不能再犹豫不决了。

在类似情况下，给自己设定截止期限的关键在于：截止期限不能是随机的，必须与你本人或项目有关，或者同两者都有关系。漫展是个理想的组合：我已经确定会参加，而且这种场合很适合角色扮演。当然，我也可以把截止期限定成12月31日，但由于年底跟我本人或项目都没有太大关系，我会很容易继续拖延下去。此外，我也可以选择圣诞节作为截止期限。如果我要把那套太空服送给某人当礼物，这么做可能会管用。但是，这个项目完全是献给我自己的。

如果你的项目进度滞后了，请选一个对你本人和项目同样重要的日期，然后以它为目标开始工作。请相信我，你一定能完工的！

又不是世界末日

从截止期限与创造力的交集中，我学到了重要的一课。当时，我与出色的模型制作师米奇·罗曼诺斯基通力合作，为康宁公司制作一支高预算的“超级碗”[1]广告。米奇参与过电影《壮志凌云》《加勒比海盗》《星球大战前传2：克隆人的进攻》和《侏罗纪公园3》的特效制作。他管理着一支庞大的美工团队，该团队为鬼才导演蒂姆·伯顿的经典定格动画片《圣诞夜惊魂》打造了一切。米奇是个天才！在完成模型动画片《飞天巨桃历险记》后，他成了杰米的合伙人，也成了我的第一位专业模型制作导师。杰米是我的老板，但真正教会我如何工作的是米奇。

拍摄“超级碗”广告期间，我们在一位导演手底下工作，此人同别人交流的方式是大吼大叫、挑剔指责。哪怕是以低预算广告的标准来看，可供我们完成工作的时间也过于短了。于是，为了从待办清单里删掉一项项任务，我们度过了许多紧张忙碌的日子。

1　超级碗，即美国职业橄榄球大联盟的年度冠军赛，全美最受关注的体育赛事，多年来都是全美收视率最高的电视节目，也是各大商业巨头比拼广告创意的舞台。——译者注

开机前一天晚上，为了搞定所有零碎物件，以便第二天早上八点准时开拍，我和米奇熬了个通宵。当时看起来，我们要做的东西实在太多了：画上特定图案的乳胶布景墙、会自行滚动的房屋微缩模型隔热层、镜头前由木板一块块自行组装起来的房屋……这仅仅是我目前还记得的几项。此外，我还记得，我们简直快忙死了！

当时我抽烟，米奇也抽烟。工作室白天禁烟，但等到太阳下山，其他人都回家后，我们就靠一根接一根抽烟来保持清醒，好把工作搞定。[1]在朝第二天早晨迈进的过程中，我和米奇设法避免了任何重大事故的发生，但整个过程中不乏黑色幽默的加油鼓劲。随着压力渐渐减轻，凌晨三四点钟的样子，米奇扭头对我说：“每次到了夜里这个时候，我就会对这些破事做些哲学思考。说到底，这不过是又一支该死的广告。我们要么做得完，要么做不完。这又不是什么世界末日……”

米奇说得太对了。

我能靠那两天的加班赚到一周的薪水。我靠拼命抽烟提神，顺利熬过了那一夜。在拍摄过程中，我不但被导演吼过，也被动画师训过。动画师搞砸了自己的工作，我不得不接手，连续忙了二十五个小时，做出了房屋自行搭建起来的动画效果。不过，我还记得自己制作那支广告时满怀热情，尽管有很多破事和外界压力，我们还是按时完成了工作。我相信，我们之所以能顺利完成，正是因为“即使没有按时完成，也不会是世界末日”。这个认知消除了截止期限带来的焦虑和恐惧，让我们能够将时间压力转化为效率。它教会了我解决复杂问题的技巧，同时让我始终关注项目的终极目标，无论那个目标是什么。

1　抱歉，杰米，我知道我们违反了职业安全与健康标准条例，但那时候实在太难熬了。

顺便说一句，遇到这种时候，清单就成了极其宝贵的工具。列清单能带给我动力，尤其是时间紧迫而我又不想陷入焦虑的时候。我需要意识到，按照当前的进展，自己是否能够按时完成工作。如果我花了太长时间制作某个部件，而没有意识到接下来还有二十个步骤，却只剩下短短一小时时间，光是这件事就会扼杀我在整个项目上的动力。在最后期限到来之前，我就会彻底垮掉。清单让我的决策树能够结出硕果，避免钻进死胡同浪费时间。这些是我在制作广告和拍摄《流言终结者》期间使用的工具和汲取的教训，但直到它们被我用在私人工作（道具复制和角色扮演）中，效果才真正显现出来。它们不但奇迹般地提升了工作效率，还为我带来了无穷无尽的欢乐。

第六章

绘制草图

你脑海中有新创意吗？你为它感到骄傲，迫不及待想要制造出来吗？如果答案是肯定的，我希望你做个实验。打电话给你的朋友或合作者，以及某个至少拥有一定创造力的人，把你的创意描述给他们听。说说它的作用、原理和材料，描述它的形状、尺寸和颜色，解释你打算如何制作：在哪里钻孔，将哪端压平，在哪个位置切出斜角，用什么进行最后的组装。尽可能详细地向对方描述每个细节。

接下来，请朋友拿出纸笔，将你刚才说的内容画出来。给他们留出充足的时间，回答他们可能提出的问题。根据我的经验，这些都不重要，因为你朋友最终的画作看起来会跟你描述的截然不同，以至于让你怀疑他们到底有没有认真听。两者的差别会让你震惊，你会怀疑自己说的是不是外语。你脑海中的图像与你朋友的画作差别之大，足以让你质疑自己的整个创意。（请千万别质疑！）

但如果你能自己去画，生动地展示出自己的创意，让双方拥有同样的理解，以便双方都能制造或使用它，情况会怎么样？这值得一试。我觉得，将自己脑海中的创意提取出来，传进另一个人的脑海中，这种能力实在太令人陶醉了。这种创造力会使你所有疯狂的创意显得不那么疯狂。最重要的是，你只需要一张纸加一支笔就能实现。

虽说直到最近，我才觉得自己真正达到了“熟练”程度，但我大半辈子都在画画。出于多重理由，我每天都会涂涂写写。我用它来充实并完善自己的创意，用它与其他创客和同事交流，用它为自己提供动力，还用它捕捉项目过程中学到的知识。当然，我也用它构思。

无论是对当前的项目还是未来的项目，从规划的角度来看，我都将绘画视为从大脑到现实世界的转译工具。在现实世界中，我常常发现，很难用言语解释复杂的物体和操作。当然，这正是事先规划的目的所在。如果你没法弄清自己想制造什么，没法弄清怎样将它制造出来，那还要事先规划做什么？

如今的创客并不缺少做规划的工具。市面上有各式各样的规划软件、手机应用程序和机械装置，但它们似乎都没有简单的纸笔好用。因为与其他方法不同，将你头脑中的创意画出来，能展现出物品实实在在的特征。绘画是大脑通过突触和神经末梢，通过你的手指和手中的笔，将你的想法、知识和意图呈现在实实在在的纸面上。我渐渐意识到，绘画是一种基础的创造行为。

用绘画来转译

从小到大，爸妈家里一直摆着一张漂亮的台球桌，那是布朗斯威克公司1905年推出的产品。住在家里的时候，我时不时打着玩，但根本没当一回事，主要是为了打发时间。我知道很多种玩法，能用台球术语讲俏皮话，偶尔会打弧线球或下旋球，有时还能打出“翻袋”，但一直不是特别擅长。直到搬去纽约，马丁·斯科塞斯执导的电影《金钱本色》掀起了台球热潮，我才决定认真打一打。

装修精致的大型台球室在纽约曼哈顿随处可见，这意味着我总能找到便宜的地方练球。我从每周打几个小时，渐渐变成了每天打两三个小时，最终在几年内成了一把好手，至少足以看出自己离“真正精通”还差多远。

当时，我常去一个叫“台球社”的地下台球室。那里白天有很多小混混和锦标赛选手光顾，我经常被职业选手们打得一败涂地。有一天，我遇到了一个叫特雷弗的职业选手。他年纪比我小，但打得比我好多了。他称赞了我刚刚击出的一球，我不相信他是真心赞叹，感觉更像是随口敷衍。但不管怎么样，我还是趁机请他提提建议，告诉我怎么才能有所进步。

他说："你是个优秀的击球手，击球能力跟我不相上下。但我对台球的了解比你深。老实说，想要成为优秀的台球选手，击球能力只占五分之一，其余的则是专业知识。"

特雷弗了解桌面布局、击球策略、摆脱特殊僵局的技巧和窍门。最重要的是，他深谙人心，能够玩转对手，而不仅仅是玩转球桌。他这番话的意思是，尽管他像任何一名优秀的台球选手一样知道该如何击球，但更重要的是，他知道如何针对一场比赛做出具体规划。如此一来，他就用不着为了摆脱僵局、赢得比赛而疯狂击球了。正是这一点让他跻身优秀选手行列。在动手击球之前，他会先在脑海中勾勒出整场比赛，提前弄清并避开潜在危险。

创客也需要做同样的事，只不过是落在纸面上。"大致知道"自己想做什么还远远不够，掌握制造它所需的各项技巧也远远不够。毕竟，知道自己能制造某件东西，并不等于知道具体该如何操作。你需要学习在脑海中构建项目的完整图景，还需要将它绘制出来。在实实在在的介质上涂涂写写，能帮你解决问题、理清操作顺序、打磨细节并做些试验。无论你觉得自己脑海中设想的结构有多完备，将它绘制出来都会暴露你从未考虑过的盲点。就像列清单一样，你也许会觉得绘制草图是浪费时间，是构思与创造之间的多余步骤，但只有没耐心的人才会这么说。事先准备、一次搞定、按时完成……这些通常都是从绘制草图开始的。

1986年，我用石膏绷带给自己的躯干铸了模，然后灵光一闪，打算制作一尊雕塑——石膏模型的胸口爆出一颗心脏。那是典型十八九岁焦虑青年关于爱和生命的宣言。我有没有提过，那颗心是用剃须刀做成

I WANT AN interesting ~~un~~ knot tying torso to frame – Fisherman's or something

Shoelaces – many?

Torso hung like ~~&~~ tanned hide from ~~natural~~ wood frame

torso is only half shell w/ semi square hole + a heart strung in the hole the same way

Base is a log in half

Back side view

heart is only color

torso – white

wood – Natural

Perhaps torso will have ~~[illegible]~~ tabs to tie to ~~[illegible]~~ frame.

的？那是我嬉皮版的圣塞巴斯蒂安[1]！虽说我脑海中的图像相当清晰，但我知道，要花很多力气才能把它化为现实。为了确保它既实用又美观，需要经过很多次填充和实验。于是，我坐下来画草图，包括前视图和后视图，还有框架部分的示意图，以便弄清固定石膏模型需要多少空间。绘制草图的同时，我写了一堆注释，描绘脑海中的图像和每种选择的意图。如此一来，我就能随时从停下的地方捡起来接着做，以防不得不暂时搁置这个项目。毕竟，我当时有全职工作。

我很满意自己绘制的雕塑草图《面孔之水：躯干》（请见上一页图）。经过一些微调和修饰后，它完美呈现了我想要实现的创意。看看我当时的腹部多么平坦！

我绘制的草图相当粗略，而且技巧平平（正如前面提过的，我从不

1　圣塞巴斯蒂安，天主教圣徒，古罗马禁卫军队长，在教难时期被罗马帝国皇帝下令乱箭射死，但奇迹般幸存并展现神迹。——译者注

认为自己擅长绘画），但重点不在于图画得怎么样。你不需要成为出色的插画家，也能通过绘画来充实自己的创意。最重要的是忠实记录你的创意意图。如此一来，你一旦下定决心制造，就能立刻动工。

绘画带来动力

对我来说，绘画是迄今为止最管用的规划工具，也是最简单的推进项目的方式。制造东西就像物理学（至少是我们所在宇宙中的物理学）一样，与动力息息相关。当一切行动顺风顺水，如入无人之境的时候，你做起项目来会充满动力。而当遇到障碍（写作、制造、设计的瓶颈）的时候，会难以向前推进，前方的道路也会变得模糊不清。这通常会扼杀你的动力，甚至导致项目停滞。有一点是千真万确的：每次搭建过程中都会有前路不清的时刻。这些障碍（或是我所说的“拦路虎”）并不罕见。事实上，它们数量众多，没人能够幸免。经济问题、拖延症、工作倦怠、家庭责任、错误、事故、缺乏兴趣、缺少时间、糟糕的反馈——以上任何一项都可能使你的项目陷入停滞，毁掉你苦苦积攒起来的创造动力。

我经常将绘画作为突破障碍的工具。绘画总能让我占据有利地势，从全新角度观察自己的造物，以便对下一步做出清晰的预判。从这个角度来看，我画的是什么并不重要。我可能会为合作者绘制一些参考图，帮助他们理解我需要他们提供什么，他们如何能为整个项目做出贡献。我可能会画出自己难以为继的机械组件，或是重新绘制自己为了好玩而制造的物品，只为沉浸在脑海里构建的过程中。我可能会为那件物品画个收纳盒，或是画出打算在完工后为它制造的收纳盒。有时候，构思用于收纳我正在制造物品的“盒子”，有助于我更好地界定手头在做的东西，还有助于认清可能遇到的障碍。上述这些都是信息，是大脑与双手的对话。

我遇到过最棘手的“拦路虎”，也就是最难克服的问题，是思维混乱。我很喜欢自己十九岁时创作的石膏绷带雕塑，但三十多年后，它看起来像是更加雄心勃勃作品的预演，例如能够防弹加飞行的钢铁侠盔甲（因为在我眼中，那是与我躯干石膏模型有关的最复杂的玩意了）。复杂项目需要我投入所有的技能、知识和管理能力，但同时会引起思维混乱，导致浪费大量创意资源。

复杂项目之所以复杂，是因为包含众多独立部件，需要用到众多材料和技法，有很多东西需要用正确顺序适当组合起来。因此，项目越是复杂，你就越有可能在某一时刻思维陷入混乱。你没法在那个部分完工前制造这个部分，也没法在那些部件上色前组装这些部件。当你需要制造的部件超过四十个，就很容易忙中出错，浪费掉宝贵的一天。老天啊，你得鼓起天大的勇气才能推倒重做！遇到这种情况，绘画能帮我战胜这个动力“杀手”，因为它能让我增进对造物的整体认识。初始效果图（将大脑中的原始创意转化为图像的草图）有助于我从宏观层面认识要制造的物体。此外，绘画作为一种破解复杂问题的方法，是为了放大物体，便于我从微观层面熟悉它的每个细节。绘画还能为我带来熟悉感，有助于解开困扰我的谜题，并提供我所需要的动力，让项目再次滚动起来。

动力当然与“前进”有关。经验告诉我，克服类似障碍的唯一途径就是迈步前进（无论是多么微不足道的前进）。但请牢记，前进的道路永远不会是笔直、线性、不间断的，它更像是一种振荡，一种节拍，甚至一种节奏。当我失去制造动力的时候，会通过绘画找回那种律动，努力迈步向前，哪怕只是向前一点儿。这是唯一能杀死“惰性”这条恶龙的武器。

俗话说，“笔杆子胜过枪杆子”。对我来说，绘图铅笔是我遇到瓶颈时最强大的武器。它有助于我将项目摆在心中第一位，反复琢磨会用到的各个零部件。无论是面临最后期限，还是被生活中其他事分了心，或是需要赶紧搞定手头的事，以便去做自己更感兴趣的东西，我都会像拔剑出鞘一样提起笔，铺开一张全新的白纸，开始奋笔作画，将创意变为现实。

通过绘画交流

从巨型影像公司到《流言终结者》，我和杰米合作完成了成百上千个项目。

其中既有简单的物件，例如为耐克公司的广告制作假河床；也有复杂的物品，例如根据美国内战时期的蓝图制造的一氧化二氮燃料火箭；（它首次点火就一飞冲天！）更有疯狂的造物，例如为了解答达尔文奖最著名的流言，横跨十年、在三个独立剧集中给雪佛兰英帕拉轿车绑上巨型火箭。[1]

在大多数项目中，我和杰米两个人的大脑完全是在两条平行的轨道上运行，我们往往采用截然不同的方式进行制作和解决问题，但只要计划制订出来，我们就知道要达成什么目标，也知道该朝哪个方向前进。但到了要解释创意或规划搭建的时候，事情就没那么简单了。由于我们俩的行事风格截然不同，为了将创意从一个人的脑袋灌进另一个人的脑

1　传说亚利桑那州一名男子给汽车绑上助飞装置（帮助重型飞机起飞的火箭发动机），在汽车撞上离地38.1米的悬崖后遇难。

袋，我们只知道一种方法，那就是“争执”。整个过程相当令人头疼，以至于我跟杰米开玩笑说，真希望科技发展得更快一些，这样我们就能给大脑植入USB接口，然后只要交换存储各自创意的U盘就行了。由于这种事暂时还遥遥无期，我们只好退而求其次，采用两人都习惯的做法，也是我们向自己解释创意的方式——绘画。我们经常求助于白板或纸笔，不断为物体增添细节，以便达成一致共识。从这个意义上说，绘画不仅仅是一种转译工具，还是终极的协作交流工具。

多年来，我只遇到过一个人比我还热衷于绘画，那个人就是基弗尔·塔利。他著有《让孩子做50件危险的事儿》一书，他还是创新教育亮工学校（Brightworks School）、东敲西打学校（Tinkering School）和成套设备制造公司（Kit-making Company）“东敲西打实验室”（Tinkering Labs）的创始人。他是美国首屈一指的工匠，同时是视觉化交流的坚定拥护者。

“我在亮工学校八年来一直试图将视觉交流与书面、口语交流放在同等地位。”我们聊起创客的入门门槛，以及人们在迈出第一步和有效协作上遇到的问题时，基弗尔告诉我，“我心痛地发现，有些十二岁的孩子竟然造不出一对套盒，也画不出分解图。”

基弗尔的目标不是教会每个人画静物、画风景或成为大艺术家，而是希望他们能通过视觉化的形式进行交流，促进大家彼此协作。他表示：“人们会对我说‘哦，我不是视觉化交流者’，但其实所有人都是。每个人都是视觉化交流者，每个人都是演说家，每个人都是作家，每个人都是艺术家，只是程度不同而已。我们不该放任指针无限指向零，导致人们觉得自己不是那种人。”

他提出的观点非常重要，引起了我深深的共鸣。我属于他提到的每一种人——演说家、作家、艺术家，但在作为制片人和故事讲述者的职业生涯中，如果我不是视觉化交流者，我不知道我现在会在哪里。至少，在长达十四季的《流言终结者》节目中，我和杰米作为共同主持人及合作者，真不知道要怎样才能坚持下来。绘画对我们的搭档关系至关重要。

尽管如此，但我绘画并不总是为了同自己或合作者进行交流。有时候，我会与对特定主题感兴趣的同行或发烧友联系，探讨某个项目或分享自己的发现。例如，我经常访问一个叫“道具复制品论坛”（Replica Prop Forum）的在线论坛。论坛里汇聚了众多道具收藏者、搭建者、交易者和创客，大家会细致分析自己心爱的电影道具和物件。有些人在论坛上记录自己的制造过程，另一些人则将论坛当作交易市场，买卖自己制造或收集的复制品。至于我嘛，当然是两件事都做。

有一次，我在二手物品拍卖网站易贝上买了一件电影《地狱男爵》中的道具，名为“布鲁姆之箱”。它是影片中探员鱼人亚伯的外出研究箱，亚伯会从里面查找所遇神秘敌人的信息。在《地狱男爵》第一部中，亚伯靠它向地狱男爵和超自然调查防御署的其他成员详细描述了恶魔萨缪尔。在《地狱男爵2》中，亚伯用它来查找努阿达王子放出的嗜齿妖，那些小妖摧毁了拍卖贝茨莫拉圣冠的拍卖行。总而言之，买到这件道具让我欣喜若狂。我拍了照片发上论坛，还列出了箱子里每个隔层中小物件的清单。立刻就有网友留言，拜托我测量箱子各部分的尺寸，因为他们想要自己动手复制。于是，我画了不少草图，并在绘制过程中加深了对这件道具的了解：右侧门内饰板上画作的名称、箱子是用哪种木材制成的、影片中还有哪些地方能看到猴子头骨。

从我将照片发上论坛算起，至少已经有四个人根据我提供的尺寸打

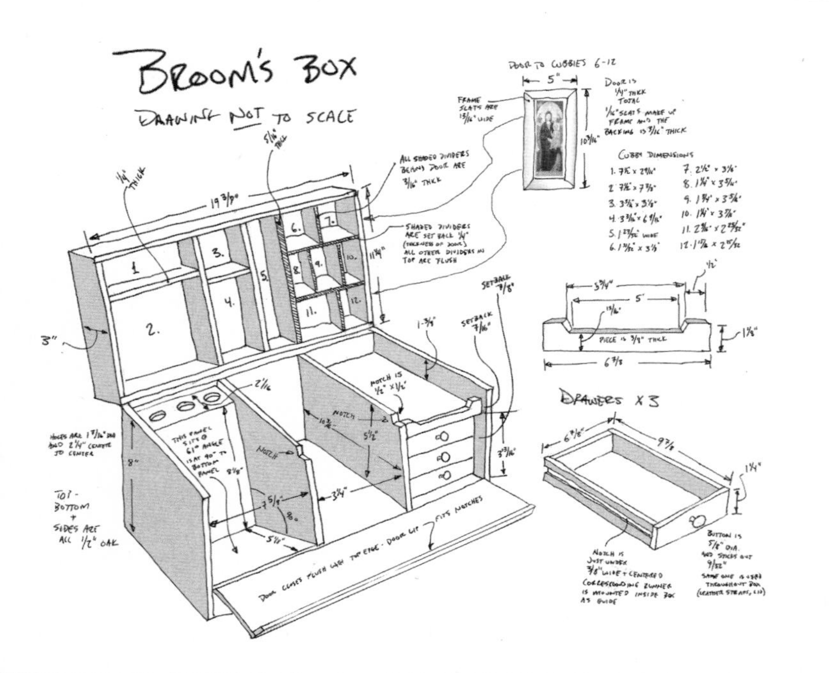

BROOM'S BOX
DRAWING NOT TO SCALE
DOOR TO CUBBIES 6-12
5"
FRAME SLATS ARE 13/16" WIDE
DOOR IS 1/4" THICK TOTAL
1/16" SLATS MAKE UP FRAME AND THE BACKING IS 3/16" THICK
10 3/16"
CUBBY DIMENSIONS
ALL SHADED DIVIDERS BEHIND DOOR ARE 3/16" THICK
SHADED DIVIDERS ARE SET BACK 1/4" (THICKNESS OF DOOR) ALL OTHER DIVIDERS IN TOP ARE FLUSH
1/4" THICK
5/16" THICK
19 3/8"
11 1/4"
3"
SETBACK 7/8"
SETBACK 7/16"
1-3/8"
2 1/16
NOTCH IS 1/2" X 1/2"
NOTCH
5 1/2"
3 13/16"
HOLES ARE 1 7/16" DIA AND 2 1/4" CENTER TO CENTER
8"
THIS PANEL SITS @ 61° ANGLE IS AT 90° TO BOTTOM PANEL
8 1/8"
3 1/4"
5 1/8"
TOP - BOTTOM + SIDES ARE ALL 1/2" OAK
DOOR CLOSES FLUSH WITH TOP EDGE. DOOR LIP FITS NOTCHES
5 3/4"
5"
1/2"
13/16"
PIECE IS 3/8" THICK
1 1/8"
6 7/8
DRAWERS X 3
6 7/8"
9 7/8
1 1/4"
NOTCH IS JUST UNDER 3/8" WIDE + CENTERED CORRESPONDING RUNNER IS MOUNTED INSIDE BOX AS GUIDE
BUTTON IS 5/8" DIA. AND STICKS OUT 9/32"

造出了“布鲁姆之箱”。时隔多年，在论坛上还能找到我最初绘制的草图，大家还在从图中获取复制所需的信息。制造一直是我的乐趣所在，后来绘画也为我提供了同等的乐趣。这一点尤其重要，因为它有助于我与志同道合的道具收藏家以及雄心勃勃的创客交流沟通。通过绘画我能够激发大家的灵感，帮助他们拓展创造的疆界。对于不同年龄层次、不同技能水平的创客来说，绘画拥有同等的力量。无论是专家还是菜鸟，都可以通过它实现交流。因为从根本上说，绘画是创意界通用的语言。

用绘画来构思

我做完爆裂心脏穿过石膏躯干的那具雕塑后，把它挂在了布鲁克林区公园坡单身公寓的墙上。我拿最终成品与草图作比较之后，突然意识到，可以按照这个思路制作一系列雕塑。就像安德烈·维萨里（近代人体解剖学创始人）解剖图固有的三维版本一样，我在脑海里琢磨还有哪些身体部位可以悬挂在制革架上，最终，我将其中的一些构思结果画了出来。

如同我为第一尊雕塑绘制的示意图一样，那些草图同样平平无奇，但重要的是，像“布鲁姆之箱”一样，画出我的造物（以及各式各样的变形）有助于我深入了解自己想要打造的东西。它将所有仍在我脑海中蹦跳的造物化为了现实，变得具体而直观。它们是我创意的二维呈现，是我真正的灵感源泉，至今仍是我身为创客的重要组成部分。

哪怕你不擅长绘画，也能从中受益。正如前面提过的那样，我从来不觉得自己有绘画天赋，画出的线条也始终达不到我想要的效果。不过，我仍然坚持绘画。一是因为它很管用，二是因为它有助于我准确传达自己的创意。这也是基弗尔·塔利在视觉化交流上想要达到的目标。

我设想的《面孔之水》系列草图。几乎没有一件被做成了实物，但这不是重点。

“常常有人反驳我说‘我不懂该怎么画’，我的回答是‘好吧，你可以先回家去，画上一整个夏天，等秋天拿素描本给我看，我们再来聊聊这件事。”基弗尔气愤地说，“因为我们知道，练习能让你在作画时更加精准可控。”

如果这么做还不够的话，你也可以随时从别处寻求帮助。我会从别

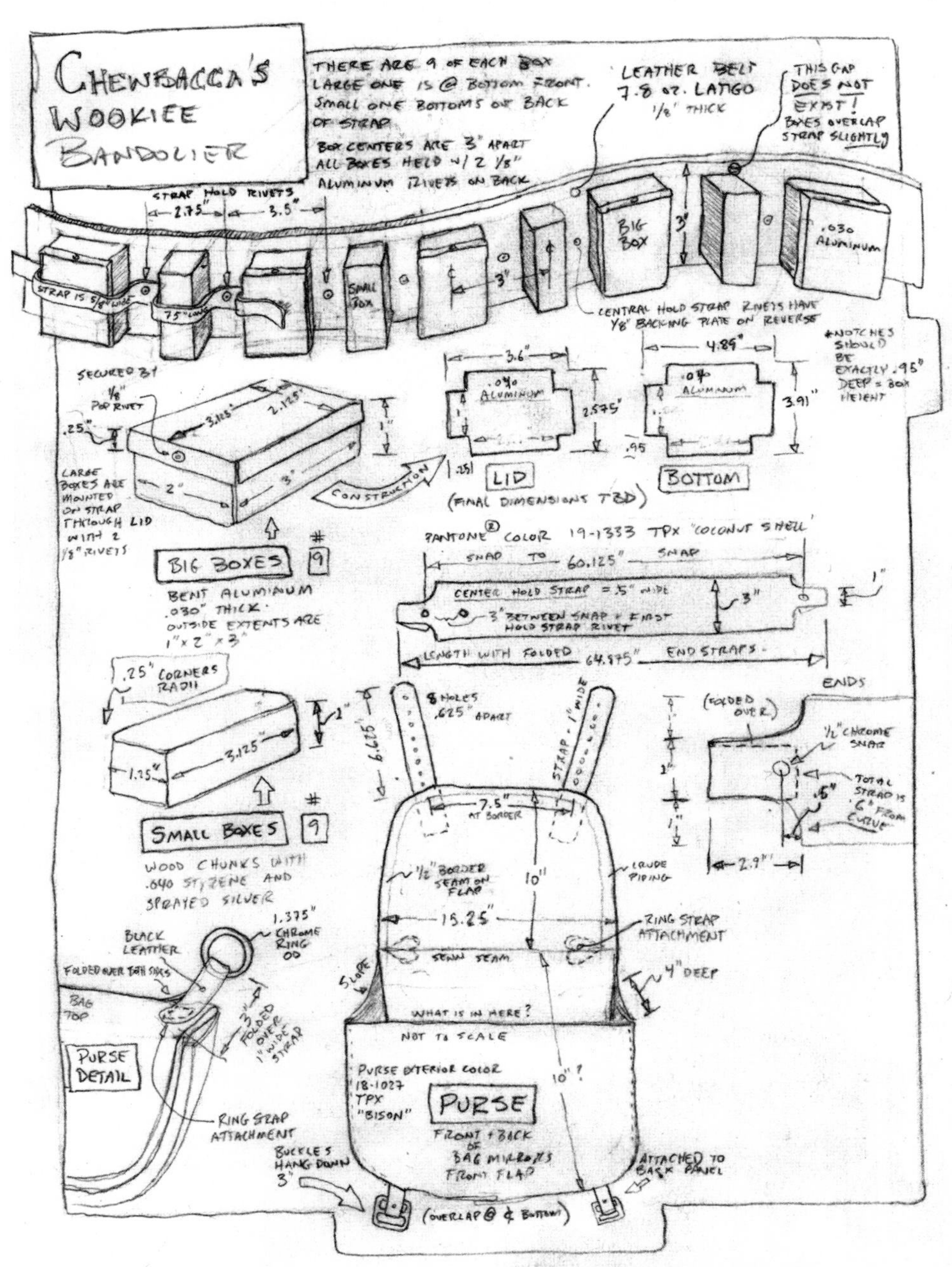
CHEWBACCA'S WOOKIEE BANDOLIER
THERE ARE 9 OF EACH BOX
LARGE ONE IS @ BOTTOM FRONT.
SMALL ONE BOTTOMS OUT BACK OF STRAP
BOX CENTERS ARE 3" APART
ALL BOXES HELD W/ 2 1/8" ALUMINUM RIVETS ON BACK
LEATHER BELT
7-8 OZ. LATIGO
1/8" THICK
THIS GAP DOES NOT EXIST!
BOXES OVERLAP STRAP SLIGHTLY
STRAP HOLD RIVETS
2.75"
3.5"
STRAP IS 5/8" WIDE
.75" LONG
SMALL BOX
3"
BIG BOX
3"
.030 ALUMINUM
CENTRAL HOLD STRAP RIVETS HAVE 1/8" BACKING PLATE ON REVERSE
SECURED BY 1/8" POP RIVET
.25"
3.125"
2.125"
1"
2"
3"
LARGE BOXES ARE MOUNTED ON STRAP THROUGH LID WITH 2 1/8" RIVETS
CONSTRUCTION
BIG BOXES
9
BENT ALUMINUM .030" THICK.
OUTSIDE EXTENTS ARE 1" x 2" x 3"
3.6"
.040 ALUMINUM
2.575"
.251
LID
(FINAL DIMENSIONS TBD)
4.89"
.040 ALUMINUM
3.91"
.95
BOTTOM
*NOTCHES SHOULD BE EXACTLY .95" DEEP = BOX HEIGHT
PANTONE® COLOR 19-1333 TPX "COCONUT SHELL"
SNAP TO 60.125" SNAP
CENTER HOLD STRAP = .5" WIDE
3"
1"
3" BETWEEN SNAP + FIRST HOLD STRAP RIVET
LENGTH WITH FOLDED 64.875" END STRAPS.
.25" CORNERS RADII
1"
3.125"
1.25"
SMALL BOXES
9
WOOD CHUNKS WITH .040 STYRENE AND SPRAYED SILVER
8 HOLES .625" APART
6.625"
STRAP - 1" WIDE
7.5" AT BORDER
1/2" BORDER SEAM ON FLAP
10"
CRUDE PIPING
15.25"
RING STRAP ATTACHMENT
SEWN SEAM
4" DEEP
SLOPE
WHAT IS IN HERE?
NOT TO SCALE
PURSE EXTERIOR COLOR 18-1027 TPX "BISON"
PURSE
10"?
FRONT + BACK OF BAG MIRRORS FRONT FLAP
ATTACHED TO BACK PANEL
BUCKLES HANG DOWN 3"
(OVERLAP @ ℄ BOTTOM)
ENDS
(FOLDED OVER)
1/2" CHROME SNAP
1"
1"
1"
.5"
TOTAL STRAP IS 6" FROM CURVE
2.9"
BLACK LEATHER
1.375" CHROME RING OD
FOLDED OVER BOTH SIDES
BAG TOP
3" FOLDED OVER 1" WIDE STRAP
PURSE DETAIL
RING STRAP ATTACHMENT

人的画作中汲取灵感。例如，我永远看不厌法国漫画大师莫比斯的画作和图像小说，大导演雷德利·斯科特绘制的分镜（他是一名出色的画师）也让我受益匪浅。我从小就喜爱20世纪中期《大众机械》杂志刊登的所有旧图样。它们简洁的线条和多维性，以及每个部件彼此分开却又相互联系的方式，直接影响了我对“好创意”的看法。那本伟大杂志上的素描图样不但激发了我无数灵感，还启发我把以前造过几次的东西画出来，使其比例完全正确，如此一来，只要我想做，就能在一天内重新制作出来——我说的是电影《星球大战》中长毛外星人楚巴卡斜挎肩头的子弹带。

楚巴卡是《星球大战》中最伟大的非人类角色。我特别喜欢它，先后六次复制过他的子弹带。一方面是因为制作过程很有趣，另一方面是因为每次我找到新的参考资料（这种事发生的次数超乎你的想象），就觉得有必要重做一遍。最近，我从“星战宇宙”内部人士那里获得了几个关键数据，确定了一些零件的尺寸。这些数据彻底推翻了我对子弹带原有的认识，迫使我意识到，我此前打造的五六版，很多地方都跟原作差了十万八千里。事实上，按照此前我参考的资料，银色子弹匣的尺寸几乎是原作的两倍。哎呀，真糟糕！

如今，有了标准的测量数据，我不但需要重新打造子弹带，还必须好好纪念一下。仅仅列出正确规格的清单还远远不够，它无法充分展现这件物品的独特、复杂之处。我认为，最好的方式是尽可能画出自己对子弹匣的了解。我从子弹带波浪形的顶端画起，一路向下，细致描绘了每处空间的关系和每个关键数值。这些都是我多年来在制造过程中积累的经验。根据这份图纸，我明天就能做出一版全新的楚巴卡子弹带，而且无论是谁拿到这份图纸，都能依葫芦画瓢造出来。这个事实让我非常开心，也使我灵感勃发。

正如前面提到过的，我每天都会画画，经常在纸上琢磨创意，以便保持前进的动力，尤其是对于容易导致我思维混乱的复杂玩意。绘画有时是为了整理我在研究的测量数据，有时是为了与帮我将创意化为现实的人沟通。但大多数情况下，我喜欢画出自己制造过和将来可能制造的东西，因为这能让它们显得更实在，比单纯的创意或记忆更鲜活。

大提琴演奏家大卫·达林曾建议音乐家应该“演唱自己能演奏的歌谣，演奏自己能演唱的乐曲”。我认为，制造与绘画的关系，就相当于演唱与演奏的关系。两者分别运用大脑的不同部位，结合起来则会汇成美妙的交响乐。

第七章

提升容忍度

我猜，你经常会搞砸——没错，就是经常。无论是因为没耐心还是狂妄自大、经验不足还是缺乏安全感、抑或是信息不够还是缺乏兴趣，你都会撕开接缝、弄裂零件、折断接头、钻错地方、切割过度、测量出错、超出期限、伤到自己，总之就是弄得一团糟。有时候，哪怕你没有对项目失去兴趣，也会气得发疯。你会既困惑又沮丧，同时火冒三丈。

对此，我要送你一句话：欢迎来到制造的世界！

21世纪是个激动人心的时代。因为就制造来说，现在是真正的黄金时代。如果你想学习某项新技能、某些流程甚至整个学科，几乎都有人拍过相关视频并传到了网上。每分钟都有长达三百小时的视频传上YouTube网站，其中很大一部分都是展示如何制造东西的。从转碗、焊接、水肺潜水、吉他制作到畜牧，什么东西都能从网上学到。而在我职业生涯的初期，为了能获得这些资源，我不惜用性命来换！如今，世界各地的人都在网上分享自己的知识和经验，真是好一座慷慨与信息的金矿！不过，大多数人有一点没有分享，在我看来，他们的视频往往缺少一些东西：制造过程可能非常令人头疼。

制造过程可能会混乱不堪，断断续续，误入歧途，或是好事变坏事。新方法、新技能、新创造都是实验的产物，而实验不过是一个过程，有可能得出预期结果，也有可能得不出。谁知道呢？

在诸如硅谷、西雅图和奥斯丁（每个地方都有令人惊叹的创客空间）之类的创新温床，当人们聊到创新时，通常喜欢用“失败”（failure）这个词。他们把“失败”拓展成了许多朗朗上口的短语：“快速失败”（Fail fast）、“快速突破，破旧立新”（Move fast and break things）、“学会失败，从失败中学习”（Learn to fail or fail to learn）。我们则全盘接受了这些华而不实的说法。21世纪的头二十年里，把“失败”挂在嘴边的亿万富翁企业家（大多是白人男性）主导着文化格局，我们则痴迷于他们和他们的思想。生活在旧金山的我不知有多少次听人说：我们需要让孩子安全地“学习如何失败”。

我承认，“失败”这个词确实朗朗上口，确实吸引眼球。从市场营销角度来看，“失败”就像脏话一样，简直如魔音贯耳，余音绕梁，三日不绝。这个词之所以管用，正是因为失败普遍存在。每个人在生活中都遭遇过失败，以后也会继续遭遇失败。这是人之所以为人的一大要素。做事失败，也就是通常所说的“搞砸”，是人类生活中不可避免的一部分。老实说，我不信任那些说自己从来没有失败过的人。直面自己，承认自己的表现未曾达到预期，是一种极为重要的优秀品质。

但在创造力的背景下，我们在这里谈论的并不是真正的失败本身。真正的失败是黑暗的、痛苦的、会影响到其他人，而且是需要从中恢复的。失败也是喝得酩酊大醉，忘记参加孩子的生日派对，但这并不是流行用语中的“失败”。

说到“失败”的时候，我们谈论的其实是迭代和试验，是为了追求新创意而做出的一连串尝试，直到找出可行之道。创意这条路上有很多“错误弯道”。你本以为拐个弯是对的，能够朝着目标前进，结果却逐渐偏离正轨，你必须退回到岔路口，选择另一条弯道——也就是决策树上的另一个分支。

有一次，我要打造一只烧焦的、锈蚀的机械手，让它看上去像三百年前的东西，但感觉自己终其一生都无法弄清楚这个油漆方案应该是什么。我试过生锈油腻的涂装，就是你指望在一只锈蚀的机械手上看到的那样。可惜，这根本行不通。那时，我已经江郎才尽了。它显然需要进行独特的处理，然而，它应该是什么呢？我不知道，我只知道需要与众不同。在我不知道什么是正确的情况下，作为一种练习，我尝试问自己“什么样是错的”，对于一只来自遥远的、需要虚构其过去的机械手来说，最糟糕的表面处理应该是什么样的?

我惊讶地发现，事实上我脑海中有清晰的图像——拐杖糖和理发店招牌的模样，相互缠绕的红白条纹，那简直太可怕了！于是，在接下来的五个小时里，我把那只机械手精心涂成了红白相间的糖果条纹。当然，我的猜测是正确的，它看起来真的太可怕了！但关键在于，在揭开遮盖胶带的那一瞬间，我就知道应该怎么做了。它绝对应该是青翠的叶绿色，我执行了这个方案，我至今还深爱那个涂装。

你所遵循的一些决策树分支需要你朝着那个方向走得足够远，才能知道它是错误的。这都是过程的一部分。创造就是迭代，就是反复试错。身为创造者，你的任务就是在不放弃希望的情况下尽量多走弯路，直到找出通往目的地的正确道路。

无论你是模型制作师、陶艺家、舞蹈家、程序员、作家、政治活动家、教师、音乐家还是服装设计师，情况都是一样的。制造就是制造，不存在所谓的失败。这是一个重复的过程，也是你学习新技能、获取知识和经验、不断提升自己、创造新事物的方式。而这一切的关键就是tolerance——既包括字面意义上的“公差”，也包括象征意义上的“容忍”。

要成为一名成功的创客，你需要具备足够的耐心和耐力，也需要提升机械公差。在工程学中，“公差”是指实际参数值的允许变动量。如果你从机修厂订购轴套，通常会说要某个尺寸的，如正负约合0.127毫米。在机械工程中，也就是我的主要工作领域，“公差”是指物体（例如螺栓、螺母等）与其要拧入的物体的间隙。

请想象安装一扇门，将钢销钉穿过门铰链上的每个孔隙。如果销钉与孔隙大小不匹配，插进孔里后晃晃荡荡，就是所谓的“公差等级低”（加工精度低）。如果销钉与孔隙大小匹配，需要稍稍用力才能穿过铰链，那就是所谓的“公差等级高”（加工精度高）。

不同的公差等级各有优劣，它们决定了你制造和使用物品的局限性。如果你打算用四颗螺栓将两块钢板连接起来，希望螺栓与孔隙严丝合缝，那么孔的尺寸位置就必须很准确，甚至需要使用精密铣床来钻孔。如果你只需要两块钢板大致贴合，那么孔就算钻得稍大一些也没关系，不太精密的钻床打孔就可以胜任。

“公差等级高”可以让漂亮的零件完美地组合在一起，从而提高效率，不过追求精度是要付出代价的。为了达到目的，需要耗费很多时间。此外，你使用的设备还需要加以精心维护和校准，才能保持一定的精度，加工出光滑的表面。

反过来，“公差等级低”则能提高零件的耐用性，因为它为零件间相互摩擦产生的凹槽、划痕和污垢留出了余地，不至于影响大型机器的性能。AK−47自动步枪就是一个绝佳的案例，证明了公差等级设定得较低能够提高实际使用的可靠性。AK−47的设计在各个方面都有宽松的公差，以便根据使用者的需要，在你能想象到的最肮脏的条件下进行维修、改造或改良。它深受世界各地游击战士和贫困国家军队的喜爱，这一点绝非偶然。

公差等级的高低也是昂贵与廉价之间的区别。廉价汽车发动机与高档汽车发动机的一大区别就在于公差。高档汽车发动机零件的加工精度可以达到0.0025毫米，而廉价发动机的可能只有0.025毫米。看起来似乎只有毫厘之差，但实际上可谓天壤之别。如果销钉与孔隙贴合不紧密，就会晃晃荡荡，产生振动。振动就像能量的吸血鬼，会使销钉组成的机械装置无法按预期运作，导致性能降低。销钉与孔隙贴合得越是严丝合缝，就越能高效地传递能量。

当你不仅要学习设计更复杂的物体，而且要实际完成它们时，公差的概念将非常重要。为此在加工过程中，你需要将公差等级设定得比较低，以便给自己留出搞砸的空间，我称之为“容错”——这个说法是我现编的。过去，很多人都害怕这种想法，我们害怕搞砸，因为如果没有“做对”，就会造成浪费，而我们无法忍受浪费时间、金钱、才华和别人的耐心。但只有通过“搞砸”并吸取教训，你才能弄清应该做成什么样子，什么才是最好的制造方法。如果不给自己留出足够的空间来演练和搞砸，你就很难有所进步。

边搞砸边学习

我常常形容自己是个“连环技能收集者”[1]。我这辈子做过很多不同的工作——从报童到电影放映员，从平面设计师到玩具设计师，从家具设计师到特效模型制作师。可以说，我的“工具箱”里塞满了各类工具。此外，我还喜欢学习新技术、新的思维方式和组织方式，以及解决旧问题的新方法。不过，我对“为了学习新技能而学习”不感兴趣，最在意的也不是技能本身——它通常是我痴迷制造或渴望拥有某物的副产品。我拥有的各项技能，不过是帮我实现目标的额外资源，是我“解决问题工具箱”里的工具。技能不过是达到目标的手段。说到底，我学习它们也是为了这个。我不知道自己是生来就这样，还是慢慢变成这样的，但

1　连环技能收集者，原文为serial skill collector，戏仿“连环杀人犯”（serial killer）。——译者注

我意识到，这是自己学习技能的唯一方法——通过在现实生活中运用它，利用它来做一些事。

我学到的第一项“技能”是玩杂耍。每当需要逗乐别人，或是手边刚好有三颗苹果的时候，我老爸就会玩个杂耍。我也想学杂耍，努力想成为像老爸一样的人，不幸的是，我这人毫无运动天赋。轮流抛起再接住几颗球需要手眼协调，这对我来说简直比登天还难。不过，闷在卧室里练习了好几周，经历了无数次小球脱手和大爆粗口，再加上一本《给笨手笨脚的人设计的杂耍书》，我终于释放出了内心的马戏表演者。[1]

十二三岁的时候，我对火车模型燃起了兴致，并将我的下铺专门用于制作详细的布景。我从几本讲火车模型的书里得到启发，围绕小场景创造了一个更为宏大的世界。对于真正的铁道学家（这个词也是我从那几本书里学到的）来说，这也是火车模型这一爱好的重要组成部分。铁道模型爱好者喜欢自己造东西：景观、建筑，乃至整座城镇。模型不是成套的，而是从原材料开始动手制作，也就是所谓的“从零搭建”。我之前搭过不少塑料模型套装，但在我看来，“从零搭建”更像成年人做的事。在老爸和那些书的帮助下，我学会了如何用磨砂板制作两层建筑，如何混合几种颜料粉刷屋顶的瓦片，如何用平板拼出复合曲线，打造虚构小镇中央的圆形建筑。在我的不懈努力下，围绕火车场景打造的小镇不断向外蔓延。

二十五六岁的时候，我在旧金山的剧院打过一阵子工。当时，我在一个名为“无定形机器人工作室”里担任机器艺术家兼机器人创客奇科·马可姆特里的助理。奇科打造过许多神奇的机器人，它们能跳舞、

1　我十六岁的时候，整个暑假都在学习骑独轮车，以便强化这种马戏团技能。

打鼓、制造机器人、变成建筑物，还能讲故事。我在奇科的工作室里学到了很多东西，但让我永生铭记的一点是：我在那里第一次亲眼见到了车床。

奇科有一台漂亮的36寸老式工匠牌车床。他向我介绍了基础知识：如何拧紧卡盘中的加工件，如何启动和关闭车床，如何操作工具切割材料。它看起来确实很酷，但直到我需要制造某件东西（只适合车床加工），才真正对使用它燃起了兴趣。

20世纪90年代初，旧金山是美国最著名的“车库旧货大甩卖小镇”。每个周末，都有成百上千的人在街头清理碗柜和壁橱、搬家并甩卖二手物品。我们称之为“车库之旅”。那是我每周末都要做的事，也是我早先在布鲁克林“拾荒艺术”时期养成的习惯。这个习惯在西海岸得到了长足发展，很大程度上要归功于我终于有了正式工作，手头也有了一点儿闲钱。某个周末四处转悠的时候，我收获了一套美不胜收、装饰华丽、可以折叠的便携式木制国际象棋。它大概有七十五年历史，工艺精美得令人难以置信，但棋子只剩下了一半——只有白棋，没有黑棋。于是，我决定用奇科的车床制造黑棋。当时我毫无实际操作经验，但这一点完全被我抛在了脑后。这些棋子给我好好上了一课。

这时候，我“松于律己”的一面就表现了出来。回到奇科的工作室后，我向朋友吉奥描述了我想为那套国际象棋做些什么。随后，我们就如何使用车床展开了哲学争论。吉奥自己就是一位大师级的创客，但他的行事方法与我大相径庭。他是一名计算机科学家，也是一位出色的工程师，头脑非常清醒，做事极有条理。他可以从地上随手捡起一颗螺丝，瞄一眼就能说出它是10 ~ 32细螺纹还是10 ~ 24粗螺纹。他非常注重准确性。吉奥坚持认为，我们应该先画出要切割的每个加工件的侧视图，对这些图纸进行测量，再将测量结果转变成车床上的一组切割，以便造出想要的成品。

我则更像一列没有刹车、沿铁轨滑行的列车，做事方法简单粗暴——我打算直接动手，切割到看起来差不多为止。这让吉奥既困惑又惊讶。他指出，我们会浪费很多时间和材料的！直到与杰米联手制作《流言终结者》之后，我才体会到吉奥当时的愤慨和困惑。杰米经常开玩笑说，如果我们俩分别有四个小时来做一个项目，他会花三个半小时画图纸和做规划，我则几乎不会花时间做准备，只会直接试验五种不同的解决方案，直到找出可行之道，而我们俩将在相同的时间内得出相同的结果。

再说回奇科的车床。我对学习如何制造棋子不感兴趣，只想用车床做几枚棋子，补全整套国际象棋。我的计划是靠“直接动手做”学会操作金属加工车床。通过转动曲柄启动车床，用工具切削旋转的铝坯，最终将它变成棋子，这让我对工具和我用这个工具操纵的金属有了实际的感觉。当天下午，通过反复试错，我学到的关于移动金属和车床节奏的知识远远胜过了从书本上读到的。我想说的并不是经验和直觉能替代阅读，而是说它们有加成效果，能填补阅读无法企及的知识领域。动手操作能教会你只有通过反复试错才能获得的知识。

在完善新技能或学习新事物时，每个创客都需要给自己留出“搞砸”的空间。搞砸就是学习。最好的方法是用材料给自己做个“缓冲区”。例如，假设你是个雄心勃勃的时装设计师，想出了一个全新的礼服创意，需要三米长的布料和一些独特的塑形技法。那么，当你走进布料店的时候，不要只买三米长的布料，而是应该买上六米，或者十二米。如果成本是个问题，那就一半买你能找到的最便宜的面料，另外一半买你真正想用的昂贵面料。如此一来，当你裁错布料、撕开接缝或者把咖啡倒在裙子上的时候（请相信我，这些事都会发生的），这些错误就可以犯在便宜面料上。等你确定了适当的廓形和式样，就可以拿便宜面料作模板，在昂贵面料上进行裁剪，以免浪费掉太多好东西。

这种方法适用于所有创意门类。如果大厨特蕾西·迪·贾丁斯要为二十人烹制三道菜的大餐，菜单上有康尼希雏鸡和蛋奶酥，她绝不会只买二十只雏鸡，只准备恰好能做二十份蛋奶酥的食材（尤其是她并不特别擅长烘焙）。她会买二十五只雏鸡，以防失手把其中一只掉到地上，或是在准备过程中割伤自己，血滴到其中一只身上。她会准备足够做二十五份蛋奶酥的食材，因为不可避免会有一两份精致甜点被打翻在地。这些多出的食材为她提供了“缓冲区”，不但能减轻为多人烹制美食的压力，也能留出尝试新事物的空间。

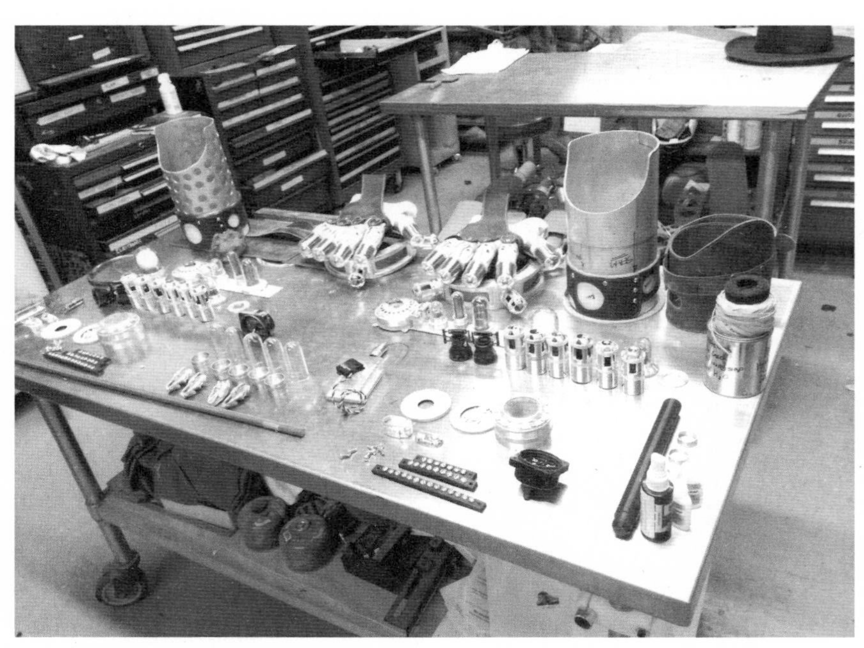

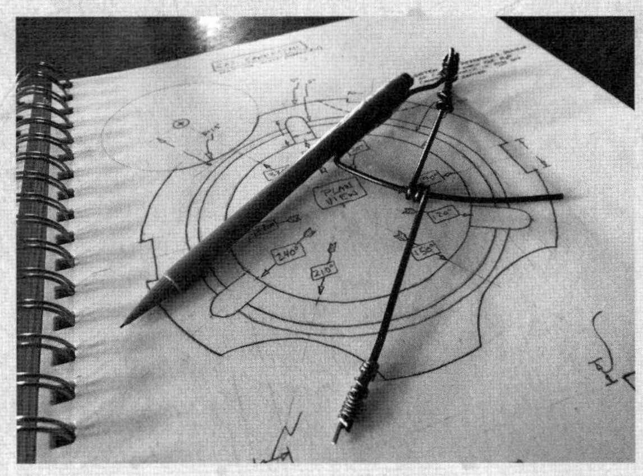

实际上，这个项目是从绘制草图开始的。我一时冲动决定动手，可身边没有圆规，就拿挂衣服用的衣架做了一个。

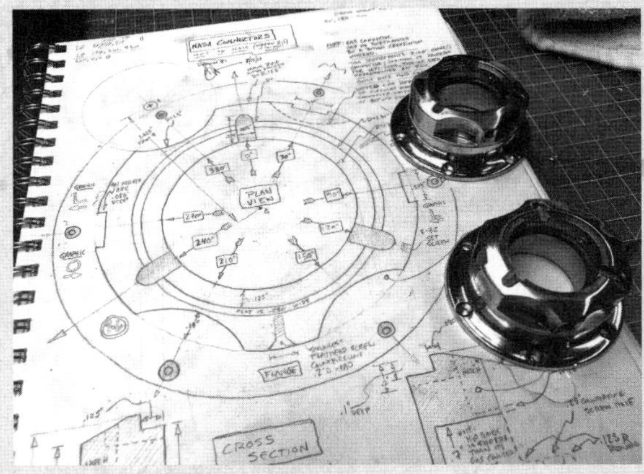

我的最终版草图，旁边有几个基本完成（内部尚未填充）的零件。

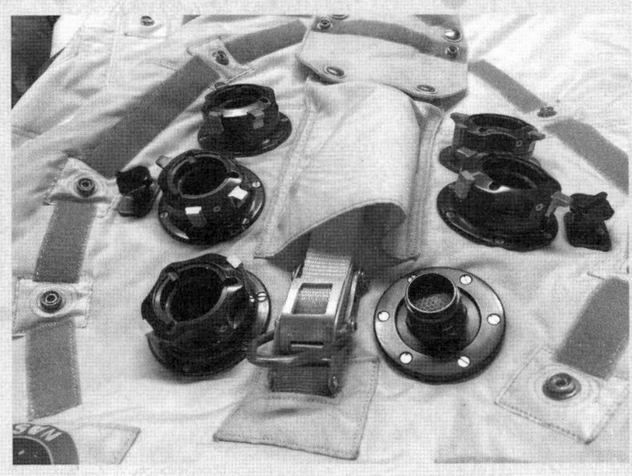

所有零件都做完后，我把它们送去进行阳极氧化加工，添加美国宇航局配件特有的红蓝相间的外观。它们返回后，我激动的心情简直难以描述！那就像过圣诞节一样！

在使用陌生材料或技巧制造复杂物品时，我也会做同样的事。如果我想要一件东西，就会先做三件。如果我想要五件东西，就会计划做八件。因为在制作过程中我总会搞砸，而拥有多余零件就是“上保险”。这是留给错误（不可避免会犯的）的缓冲区，也是我的安全阀。我不知道情况会怎么变化，只知道肯定会发生变化，所以我最好未雨绸缪。制作电影《地狱男爵》中的机械手套时，每个零件我都做了四份，每根套在手指上的玻璃管我都委托厂商造了四份。当我犯完错误，走完弯路之后，剩下的材料还够做出两只机械手套：一只留给自己珍藏，一只送给吉尔莫·德尔·托罗。

2017年末，我想要进一步提升自己的机械加工水平，所以我决定通过加工一些非常困难的东西来实现这一目标——我复制的阿波罗号太空服前方的联轴器。阿波罗号太空服前胸有六个连接器，其中只有两个完全相同。这就意味着，我必须制作五个极其相似但又略有不同的部件，每个部件都需要经过十一个加工步骤。这个复杂程度是我从未尝试过的。它为我提供了许多“搞砸”的机会。为了安全起见，我准备了足以制作八个连接器的材料，以便应付可能出现的问题。幸亏准备了这么多材料，否则肯定不够用。因为刚开始制作，其中两个就彻底报废了。幸运的是，我从这两个早期错误中吸取了教训，剩下的部件都顺利完工，整件太空服也大获成功。

创造就是迭代

基弗尔·塔利给我讲过一个发生在亮工学校的奇妙故事。那是他在教会区一家蛋黄酱工厂旧址创办的面向创客的特许学校。那所学校开张的头一两年，某个周一早上，一名老师挪走了教室里所有的椅子。学生们走进教室后困惑不已。“大家都是一脸‘噢，不，我们的椅子怎么了？’那群孩子大概七岁。”塔利回忆说。

七岁！也就是才上一二年级。那位睿智大胆的老师给了孩子们一个选择：你可以一整年都站着上课，也可以跟我一起走进作坊，制作属于自己的椅子。听到这里，我简直激动万分，所以，接下来就引用基弗尔的原话吧。

“于是，他们就去了亮工学校里的小作坊，凭借对螺丝钉和胶水的粗浅认知造椅子。有些椅子甚至在从作坊搬回教室的路上就散了架。没有一把椅子撑过一周，它们最后全都散了架。但每当有椅子散架，它的制造者就会拿起它，放在桌子上，每个人都会围过去仔细检查：‘呃，这把椅子到底怎么了？’

“最后，他们又回到了原点——教室里再也没有椅子可坐了。这时，那位老师说：‘我们重新试试做椅子吧’。然后，他们就前往作坊，去做第二代椅子。这一回，孩子们已经看过不少椅子，见过横杆和其他支撑物，制作起来就更有针对性了。因为他们发现了一件事：如果四条腿不一样长，椅子就会很容易散架。

“这些第二代产品更像椅子了。虽然它们看起来更棒、不容易散架，但并不意味着坐起来舒服。于是，学生们又回去做了第三代产品。这一回，他们开始认真研究椅子的构造了。他们进行了实地考察，去了一家制造家具的木工作坊，坐在旁边看工匠用卯榫将椅子组装起来。随后，他们又听了一堂课，一切都变得清晰明了：噢，切割这些玩意必须精确到0.8毫米。噢，制作这把椅子的木头不是软松木，而是某种硬木。

“他们把了解到的知识带回亮工学校的作坊，开始制作第三代椅子。这一回，孩子们不像制作第一代椅子那样马马虎虎，短短一天就拼凑完成，而是先弄清制造顺序，以便将所有部件黏合组装起来。他们计划黏合后用夹钳固定一个晚上，然后再按适当的顺序进行组装。因为他们现在知道，如果组装顺序错误，椅子最终还是会散架。他们必须事先做好规划，经过组装测试，解决所有问题，最后才能得到一件家具。他们熟悉了其中每个部分，清楚为什么要这么做。”

亮工学校的那位老师带领一群七岁的孩子体验了“迭代”，也就是如何精心打造一件完整的作品。对每个学生来说，那些作品都是独一无二的。老师为他们提供了尝试新事物的空间，更重要的是，为他们提供了在每一代椅子上纠正错误的空间。到了那年年底，每个孩子都可以把椅子带回家。他们可能一辈子都会珍藏那把椅子，同时将在此过程中学到的众多技能铭记于心。那些椅子讲述了一个关于迭代学习的故事。

我儿子想给他的多功能组合工具做一个跟我一样的护套时，我也采取了类似的做法。那年圣诞节，他收到的礼物是一把莱泽曼多功能工具钳（如果你一定想知道的话，那是莱泽曼EOD炸弹专家版）。他打算给它做个类似于我的铝护套。当然，我的护套不是买的，而是亲手做的，我给自己做过无数版护套。

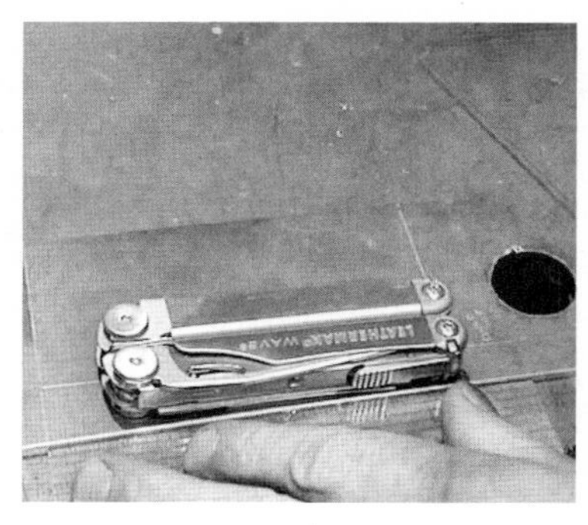

三十年来，我一直在腰带上别着莱泽曼多功能工具钳。如果像某些动物研究人员断言的那样，蜘蛛网确实是蜘蛛神经系统的延伸，那么多功能组合工具就是我的第三只手。我常常用到它，以至于它不在我腰带上的时候，我都会出现幻肢综合征。也就是说，哪怕我明知道它不在那儿，还是觉得能在那儿摸到它。我目前随身携带的是莱泽曼“波浪”。在工业光魔公司担任全职模型制作师时，我发现常常要用到这套组合工具，它原配的搭扣式皮护套很不方便。在我看来，每次用到这件工具的时候，都要浪费很多时间解开再扣上（从中不难看出我这个人有多没耐心）——毕竟，我平均每天要用到五十次。于是，我用铝板和皮带设计并制造了属于自己的护套。

制造第一版花了我几个小时，中间搞砸过几次，然后才敲定样式。那个护套在我腰带上度过了将近十年。后来，我的金属加工技能大有进步，足以用一块铝片打造整件东西，与多功能组合工具的不规则形状完美契合，只需一根手指就能解开。我可以把它倒挂在腰带上（这一点我做到了），而不必担心它掉出来（确实掉不出来）。于是，我重做了一版护套，然后又重做了一遍，并在每次迭代时不断完善。我目前佩戴的版本是迄今为止最好的一版。当你取出或放回多功能组合工具时，它甚至会发出令人满足的“咔嗒”声。我觉得满意极了，还请音效设计师将它录制下来，储存为“随机机械音”。

我儿子可不傻，他知道我的护套是亲手做的，也想亲手打造属于自己的护套。他问自己能不能到“洞窟”（The Cave，也就是我目前的工作室，跟亮工学校一样位于教会区）制作护套，我的回答是“当然可以”。我解释说，他必须做好准备，至少要重做三遍。他叹了口气，情绪低落，直到我告诉他，我的第一版护套做到第四遍才满意，而我目前佩戴的护套也重做了两遍，他才勇气十足地投入了制作，历经三版才做出想要的效果。就像亮工学校的那些孩子一样，他直到今天还在使用那件作品。

在创造过程中，“容错”能力尤为重要。当你知道自己想做什么，但不确定它的外观或运作方式时，请允许自己反复试错。只有这样，你才能获得自己想要的东西，进而变得越来越擅长。你必须一遍又一遍地重做。只有预期会犯错，才能为迈向未知领域留出活动的余地。起初，我儿子对这个说法不满。因为他继承了我的没耐心，希望能一步到位，只试一次就完成。如果你指望每次做新东西都一次搞定——或者更糟糕的是，你要求自己一次成功，不然就惩罚自己——你就永远无法对自己的造物感到满意，制造也永远无法让你感到快乐。

弄清容错度

允许自己犯错的好处在于，随着时间的推移，你会培养出一种直觉：无论是在实际制造过程中还是在脑海中想象的时候，你都能判断出一个项目该有的公差等级和容错度。在皮克斯工作室为项目做咨询时，安德鲁·斯坦顿就是这么做的。他告诉团队他们的早期尝试必将失败时，指出了这个项目的容错度，也就是允许大家“搞砸”。他给了团队反复试错的余地，他的这项技能是随着时间的推移而养成的，但是起源于他的工作地。

安德鲁告诉我：“如果你犯了错怎么办？你该如何应对？皮克斯很早就找到了上述问题的答案，并将具体做法制度化了。”安德鲁说的是他眼中皮克斯制作电影的方式，并将其比作挖掘恐龙化石。刚开始的时候，你有一个创意，自以为知道一切会如何发展。你会做出最乐观的预测，但其实基本是在胡说八道。“就类似于说‘根据直觉，我认为这块地底下埋着霸王龙，’然后就开挖了。”如果你真的挖出了恐龙，那么“你唯一值得赞许的就是选了正确的地点开挖”。但情况通常并不会如此顺利。对于皮克斯内部意识到自己走错了路的那一刻，安德鲁是这样描述的：

“等你把所有骨头都挖了出来，通常为期四年的项目已经过去了三年。你把所有骨头拼起来，突然大喊‘该死！这块尾骨其实是颈骨，这块颈骨其实是尾骨……，我挖出来的其实是剑龙’。你有没有胆量向团队成员、投资人、多年来一直认为会得到霸王龙的人承认，眼前其实是一头剑龙？因为这才是你真正找到的东西。我们就敢于这么做。我们并不比别人更擅长讲故事和编故事，只是有胆量承认自己真正挖出的是什么。”

皮克斯团队在讲故事和电影制作二者的迭代上拥有丰富的经验。他们给自己的制作流程建立了足够高的容错度，不但允许犯错误、走弯路，还打造出了相应的反馈体系。正如安德鲁所说，这需要很大的胆量。不过，这种做法的结果就摆在我们眼前。皮克斯制作出了多部过去五十年中影响最大的电影（不仅仅是动画电影），其中好几部的票房高达数十亿美元。

当然，不是所有项目都能接受反复试错，有些项目几乎一点错也不能犯。在《流言终结者》的头几季中，我们决定调查一则著名的都市传说。据说，一名潜水员被消防直升机从湖里吸上了天。消防直升机会将巨大的吸水管伸进附近的湖泊，以每分钟七立方米的速度将水吸入水槽，然后从高空喷洒下去灭火。传说在一场森林大火后，人们在烧焦的树顶发现了一名水肺潜水员。调查人员能想出的唯一答案就是他在湖里潜水，被直升机不小心吸了上去，然后被扔进了熊熊火场。

这种直升机确实存在，它们使用的水泵也真实存在，但没有人（我的意思是，绝对不可能有人）会允许我们用它来拍节目。我们花了数周时间致电全国各地，但在每个消防部门、林业部门和县治安官那里都吃了闭门羹。《流言终结者》的声誉通常都能为我们大开方便之门，但在这种情况下，能借到这种极为昂贵的水泵拍摄节目，可能性极小，没有人愿意用如此重要的设备来冒险。

最终当我们意识到永远不可能搞到水泵时，节目制作人转过身来对我说："我猜你不得不自己造一个了。"这么做有几大难点：一是我制作水泵的大部分时间只能靠我自己，因为杰米当时得了重流感，已经两周没能开工了，如果你认识杰米，肯定知道，能让他在家里待上整整两周绝对是天崩地裂的大事，就连他自己都承认，那场病确实来势汹汹；第二个问题是，我从来没有制造过这么大型的机器，我了解它的工作原理，但到那时为止，我制造的机器大多只有烤箱大小，最大也只有人体大小。这台水泵要有4.6米高，运作起来还不能出一点儿差错。它要帮我们测试那个都市传说，所以运作不畅可不行。在这种情况下，失败不是可选项，绝无犯错的余地。

为什么呢？因为我们设计的抽水泵需要一根长约2.4米、直径约30.5厘米的输水钢管，顶部是一根焊接起来的弯曲排水钢管。管道上方将安装一部我们从分类广告网站“克雷格列表”上找到的250马力舷外发动机。我们需要将发动机的传动轴延长一倍，并将螺旋桨改装到底部，以便有足够的马力将水吸入长长的钢管，然后从弯曲的顶端喷射出去。

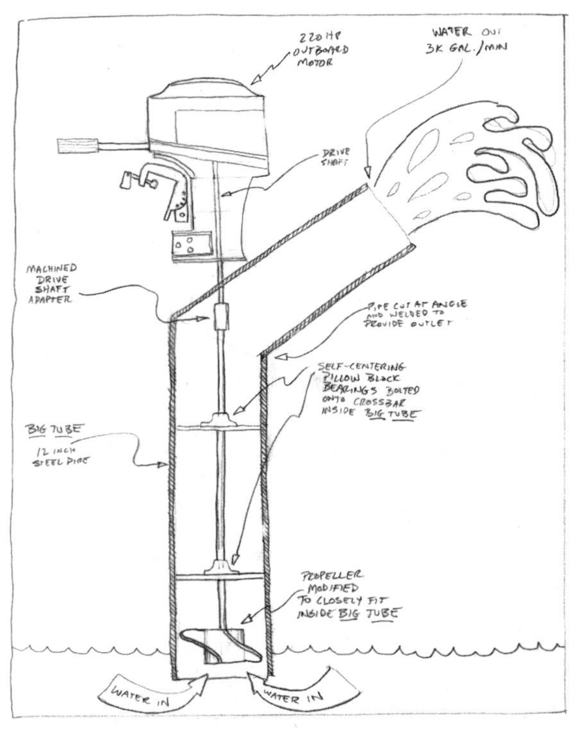

请相信我，这台水泵会以惊人的速度搅动水流，而且启动时没有多少犯错的余地。

我首先想知道的是，要是这玩意出了故障会怎么样？当你将排水管连接到一台马力强劲的巨型发动机上时，遇到的第一个敌人就是邪恶的“能量吸血鬼”——振动。你不能把钢管直接焊到发动机上，钢管需要与发动机同轴且稳固，以便实现稳定旋转。你也没法将它的顶部和底部简单固定住，因为高速运转时，即使是极为坚硬的钢轴也可能因为离心力向外侧弯（这称为“分离”）。于是，我设计了一个内部支撑系统，能够通过自动调节的防水轴承座，固定住发动机输出轴上的若干个点。然后，我取下发动机上原有的螺旋桨，用车床进行切割，使它能严丝合缝地装进直径约30.5厘米的钢管，确保它能够高效运作，尽可能多抽水，而不会因为振动和分离损耗能量。接下来，我开始加工连接器、转接器和轴配件，使每个零件的误差都不超过百分之几毫米。就像高端汽车发动机一样，机械结构公差低意味着所有能量将直接从传动轴导出。

有趣之处在于，起初我并不懂得这一切。但当我坐在那儿有条不紊地解决故障并分析如何绕过它们时，意识到根据节目的时间和预算，这次搭建没有第二次机会的时候，我发现自己其实知道该怎么做。我在以前的许多机械制造中学到过这些——其中有些成功了，有些则失败了。事实上，我反复实践过那些技能和知识，只是从来没有用在约4.6米高的消防水泵那么大的东西上。那些知识一直在我脑海里，只是在实际应用起来之前，我压根没有意识到。

对于我和杰米来说，这是《流言终结者》留给我们的宝贵财富。刚开始拍摄这档节目的时候，我们俩都拥有丰富的经验，自诩是优秀的工程师和问题解决者。但合作拍摄节目十四年后，我们都清楚地意识到，当初的我俩是多么天真，以及我们两个人通过允许对方突破我们认为的限制，同时给对方留出搞砸余地的过程中学到了多少东西。老实说，无论是从节目质量上看，还是从我们各自的技能上看，结果都说明了一切。离开节目的时候，我们的技能都增加了十倍。这段经历彻底改变了我们。

第一次启动水泵，看着它发挥神奇效果，那种感觉真是棒极了，尤其是我们拍摄那一集时的条件极为受限。最后，杰米及时恢复了健康，帮我做了最后的修改。水泵启动后，不是像我们期望的那样每分钟抽7立方米水，而是每分钟能抽11立方米水！

次年，随着《流言终结者》步入第三季并大获成功，我又有机会做一个精度要求极高的项目。我赚了不少钱，终于有经济实力完美复制出电影《银翼杀手》中的爆能枪——那是我的第三次尝试，但这一回用的是真正的枪械配件！我之前两次尝试的成果还算靠谱，但也漏洞百出，反映出我制造它们时的生活状态和技能水平。我的第一版爆能枪成型于20世纪80年代末，外形有点儿卡通化，是我用从曼哈顿运河街一家店里淘到的玩具枪零件做的。我画第一幅草图的时候，纯靠用一台笨拙的19寸电视录像一体机反复观看《银翼杀手》录像带。第二版爆能枪是20世纪90年代末制作的，当时我在工业光魔公司担任专职模型制作师，有幸在旧金山的一家模型店里找到一些参考资料，所以能够进行较为精确的复制。它的尺寸只比实际道具小了20%。

到2005年，我终于能进行完美的复制了。很大程度上是因为20世纪90年代，《银翼杀手》的狂热影迷菲尔·施泰因施耐德和理查德·柯伊尔做了必要的研究，从制作原始爆能枪的零件中区分出了真正的枪械配件。

施泰因施耐德和柯伊尔非常明智，给他们所用的枪械配件铸了模，以便一边寻找制造完美爆能枪的正确流程，一边修改模具。得益于他们细致的研究，加上几年前浮出水面的原版爆能枪规格数据，我进行了艰

我的第三版也是最后一版《银翼杀手》爆能枪的枪管、机匣和筒套，半成品。

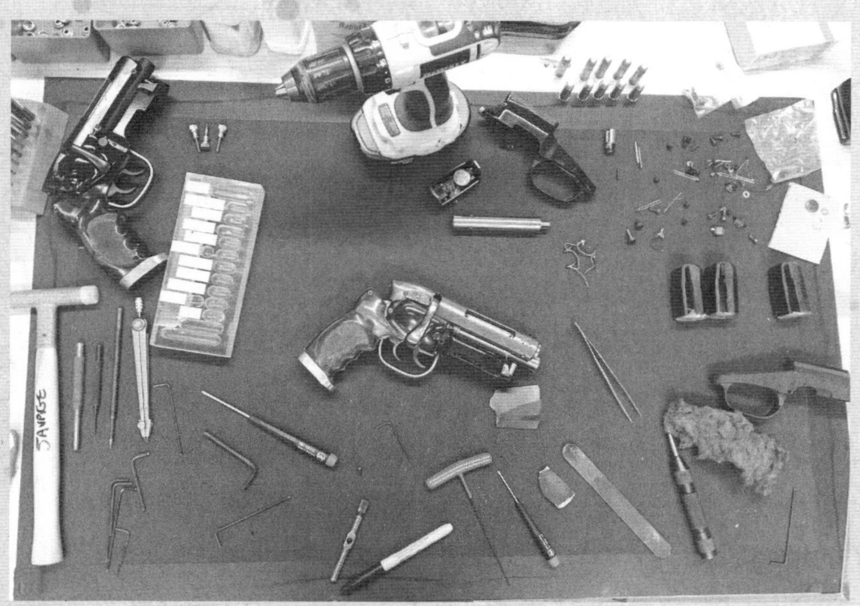

第二版爆能枪（中间图），很快就被第三版爆能枪（左上图）取代。

苦而烦琐的枪械加工，然后将所有零件组装起来，造出了属于自己的爆能枪。

这是在创意过程中很有用处的另一种“容忍”——不是容忍糟糕的表现，而是容忍有限的资源。如果不存在“容错”空间，只有一样东西能让你达成目标，那就是时间。如果你拥有的物资或信息有限，时间就是你能纳入项目的唯一一种“容错”。你只需要别着急，慢慢来。在用斯泰尔-曼利夏点222狙击步枪和左轮手枪加工第三版（也是最后一版）爆能枪时，我花了很多很多时间来把每件事都做对。事实上，它最后花了四年多才完工。这是个代价高昂的权衡，但却很有必要。

在我年纪还轻、经验不足的时候，我很可能不会这么做，而是会选择承担风险。而现如今，在经历过无数次纠错和改正的经验之后，在手头没有太多资源（工具、耗材、误差范围）的情况下，如果我不确定该怎么做，就会选择“慢慢来”——非常非常慢，比你想象的还要慢。

技巧娴熟的手艺人积累了丰富的专业知识，学会了在推进项目时注重经济效益。也就是说，他们不会花太多时间做赚不到钱的工作。但通常来说，我们这些“多面手”或雄心勃勃的业余爱好者会用时间弥补知识的不足。这就是我解决陌生问题的诀窍。

未知目的地

人们通常会用“旅程”来形容自己经历的一连串相关事件。这意味着一段旅行，沿着一条有起始点和目的地的道路前进。这个比喻挺恰当的，因为运动就是运动，无论是内心的运动，还是外在的运动。现实中的公路旅行，你通常知道自己的目的地，也知道该如何前往——包括依靠导航、猜测、记忆、每个人口袋里都有的GPS定位装置，还有一些尝试与犯错。

但如果你不确定目的地，那该怎么办呢？你眼前的道路会是什么样的？通常来说，它会有许多的岔路，数不清的拐弯。每个拐弯都可能是正确的，也可能是错误的。你怎么知道哪个对哪个错呢？你可以评估拐这个弯是不是符合你前进的方向，也可以依靠经验。你在这条路上花的时间越多，犯的错误越多，发现前进方向不对的岔路越多，就越能迅速扭转局面，朝你认为是最终目的地的方向前进。

画家弗朗西斯·培根在接受英国艺术评论家大卫·西尔维斯特采访时谈到了自己对绘画的看法："画家有自己的意图，但真正的灵感出现在作画过程之中。"就连培根这么出色的画家都表示自己作画的过程就像一场狩猎，从不确定会捕捉到什么，所以无论你是何种类型的创客，无论你在做什么项目，你永远都不会知道自己的目的地，你只知道自己的出发点，也大致知道自己"要解决的问题"是什么。你可以在白板上写出自己的最终目的地，进而弄清你想要前往何方；或者指出它的粗略轮廓是什么。你甚至可以弄清自己想要有什么"感觉"。有个指明前进方向的"北极星"是件好事，但这并不会改变一个事实：即没有什么能让你为即将踏上的创作之路做好准备，它只是让你意识到，最终结果绝不会是自己规划的那样。再多的构思、白板、故事板、排除选项，都无法显示出你真正的目的地，只有在到达之后，你才知道自己的目的地是哪里。

原因其实很简单。19世纪普鲁士指挥官赫尔穆特·冯·毛奇曾在截然不同的情况下阐述过这一点。他的原话是："作战很难按计划进行。"换句话说，有多少项目最后结果会完全符合你的预期？有多少像你预期的那样顺利？没有犯错，没有干扰，时间无限多。根据我的经验，答案是“基本为零”。作为创客，我会争辩说，这正是制造最惹人爱的地方，这正是我们投身制造的理由。我们之所以热爱制造，正是因为没有人能预知结果。如果我们确切知道最终结果，那为什么还要再做下去？继续做下去还有什么意义？

美国黑色幽默作家库尔特·冯内古特有句口头禅：“旅行计划出岔子，是上帝给凡人上的舞蹈课。”我认为，这句话揭开了创意过程的秘密。这就是我们在经历了每次愚蠢的犯错、每次错误的拐弯、每次没有奏效的尝试、每个被推翻的假设，以及最终完成的每一个项目之后，还能继续回来的原因。我们只需要对自己宽容一些，给自己留出犯错的空间。只有这样，我们才能不断学习，不断成长，成就真正的伟大。

第八章

螺丝胜过胶水

杰米一直认为，制造就是通过特定方式将大物件变小。这话没错，但这只是方程式的一半——它忽略了组装。这些年来，我制造的东西很少是一个整体——只有一块。大多数时候，我都是以零部件的形式建造东西，然后边造边把它们拼起来。所以，没错，零部件就是以精确的方式将大块材料做成的小件，但最终它们会被组装起来，创造出比原材料更大、更复杂的物体。

组装就是工程师对“把东西拼起来”的另一个说法。这个拼装过程总是充满令人难以察觉的风险，而且危险最后往往会成真。在实际制造过程中，最危险、要求最严格的操作通常发生在最后，这导致失误的成本极高。如果你在后期组装阶段不小心搞砸，弄坏了零件，就不得不倒退很多步，才能回到失误前的状态。

对每个创客来说，这都是十分常见的风险。多年来，我曾数百次陷入类似的困境，每次都不得不原路返回，从头开始制造某些东西。这给了我足够多的教训，促使我思考如何从一开始就能避开这些风险。工匠不是不会犯错，大师级工匠也跟其他创客一样，面临着同样的问题和陷阱。只不过他们经验丰富（经验是通过艰苦努力获得的——艰苦努力是自然界最重要的学习工具），能够比新手提前看到风险。由于看得更远，他们也有更多的时间避开陷阱。这种智慧的关键就在于弄清组装的最佳方式。

如果你需要将两件东西连接起来，可以运用以下两种工艺：一是机械连接，二是非机械连接。机械连接是指用螺丝和钉子、螺母和螺栓、铆钉或别针、拉链或尼龙搭扣之类的东西。你可以通过某种可重复的方式拆卸、更换紧固件，而不会损坏它们连接的组件。非机械连接则更容易理解，就是用胶水（或胶带）之类的东西。[1]在上述两种方法中，胶水通常是最快捷的解决方案。机械连接则需要更多的预见和加工，投入更多的劳力，才能使组件正常工作。但它们是可逆的，也就留出了更多选择的空间。这就是我为什么爱死了机械紧固件。

螺母、螺栓、螺纹衬套、螺纹修复线圈、扁销、销座、鸠尾榫、铆钉、尼龙魔术贴、焊钉、皮铆钉、扣眼、系带孔、挤压棒材……机械紧固件使得初次制造时间更长，它们需要计划和预见性，以确保你选择的任何紧固件都能相互匹配，并与你正在使用的部件匹配。但加入机械紧固件后，此后所有工作都会轻松许多，因为它们便于拆卸、重组和替换。这是一种取舍的权衡——事先花一点时间，为后来节省时间。随着你积累的经验越来越多，这么做的好处会越来越清晰。

1997年，法国导演吕克·贝松执导的精彩科幻片《第五元素》问世后，我迷上了影片中加里·奥德曼饰演的大反派佐格用的ZF-1型多功能枪。这把枪能发射子弹、短箭、火焰、急冻气体、火箭，甚至还能撒网！——它们全都装在那小巧紧凑的蛋形外壳里。它有趣而复杂的构造深深吸引了我，我像飞蛾扑火一般为它着迷。为了复制它，我疯狂搜索能找到的参考资料。最后，我在道具复制品论坛（也就是我几年后发布《地狱男爵》中“布鲁姆之箱”图纸的地方）遇到了另一个同样为此着迷的创客肖恩·摩根。

为了复制ZF-1型多功能枪，我和肖恩合作了好些年。我们的目标是完全按照原版，用铝和树脂造出复制品。首先，我们绘制了大量3D草图，试着将我们两个人对这把枪的所有了解汇集起来。显然，如果我

1　上述划分并不完全是业内共识，是我自己根据经验和常识总结出来的。

们想要完整而准确地复制出来，至少需要175个独立的定制小零件，这些零件需要进行水刀切割、激光切割、树脂浇铸，或是用钢材或铝材进行纯手工加工。

ZF-1型多功能枪的铝制框架，为各式各样的紧固件和机械连接工艺留出了空间，使我能够在未来许多年中不断对它加以改进。

事实上，我可以轻松做出看着差不多的零件，然后用胶水粘起来。但从一开始我就知道，想要最终成品的外观和手感完全对路，如此复杂的物件必须能够拆解重装。因此，我们在初期阶段多花了好几周时间思考如何解决这一难题，设计并构思如何连接所有零件，同时还要便于拆卸。

在ZF-1型多功能枪上，我用上了我知道的各类紧固件。铝制框架由水刀切割，用小小的机械螺栓固定。毕竟，要实现的功能太多，枪内空间极为宝贵。我铸模并浇铸了带有巨大螺柱的蛋形外壳。如此一来，我就可以轻松卸下它，对内部进行加工了。此外，还有很多很多的铆钉、销钉、压力密封件和螺纹衬套。我说不清在这把枪上试过或用过多少种不同的紧固件，但我可以告诉你，没有哪种胶水能把它们固定起来，而且不散架。

用这种方法造东西并不轻松。很多时候，当你制作完成一个零件后，却发现铝制框架内部的水切孔隙间距不对，需要一套全新的铝制零件。在造出令人满意的最终版之前，我大约推倒重做了十遍。

我在2015年做出了ZF-1型多功能枪[1]，但到目前仍然没有真正完工。直到今天，我还在给它增添更多的细节和功能。我可以把它完全拆开，再用一大堆机械紧固件将它拼回原样，这使得不断加工完善成为可能。为了使每个零件精度高且模块化，我推倒重做了无数遍。对此，我一点也不后悔。这可比用胶水把它们粘起来好太多了！

胶水的特性

虽说我更喜欢机械连接方案，但有些时候只能用胶水，而且不是随便哪种都行，必须是恰到好处的那一种。为项目挑选完美的胶水非常关键，同时也极其困难。五金店的胶水区可以说是材料科学与化学的神秘宝库——五分钟环氧胶、AB胶、白胶、木工胶、万能胶（并不是真的“万能”）、纸张专用胶、接触型胶、焊接胶、有机硅胶。

选择适合的胶水是个难题，新手会备受焦虑的折磨。这事说起来挺奇怪的，尤其是回想起小时候，胶水在那时看起来似乎既简单又神奇。在乐一通的卡通片里，歪心狼为了逮住哔哔鸟，把胶水涂在地上，然后

1　制作ZF-1型多功能枪可见2019年播出的作者的新节目《亚当的超狂工作室》第6集。——译者注

自己被粘住了！胶水就是这么强大！在孩子眼中，胶水是一种神秘的物质，能把东西粘在一起。许多成年人将这种思维定式带进了工作，直到他们毁掉了自己辛苦造出的东西，然后又不知该如何补救。

在我看来，胶水有三大特点：首先，它可以把东西粘起来；其次，它刚离开包装时是湿的，干燥后才能起作用；最后，不是每种胶水都一模一样。

如果你要把两个材质类似的东西粘起来，方法其实很简单：木材就用木工胶，纸张就用聚乙烯醇胶（例如埃尔默牛头胶），硅橡胶就用硅基胶，以此类推。你要寻找的胶水是固化后物理特性（硬度、韧性、受热反应等）与要黏合的材料最接近的那一种。关键在于温度、性能和用途。对于大多数常见材料，市面上都有专门配制的胶水。

请想象一下烟囱上历经数十载风吹雨打的砖块。砖块的使用寿命是固定的，而且不会四处移动，所以不需要韧性强的胶水。砖块承受的机械负荷不是单一的，而是复合的。它们一块块叠放，不会移动，总质量很大，因此需要抗压强度高的胶水。请想象一下，如果你用硅基胶来砌砖，砌上一两排也许还行，但由于这种胶抗压强度低，韧性高，最终建筑物会下陷、倾斜甚至倒塌。[1]

此外，还要考虑天气。随着温度的变化，材料特性也会随之变化。低温会使物体变得又脆又硬，高温则会让它们变软且有弹性。温度还会影响物体的尺寸，通常来说，物体遇热会膨胀，遇冷则会收缩。物体在高温下膨胀的程度可能会超乎你的想象：支撑金门大桥的主钢缆在晴朗的白天要比在深夜长约5.2米。不同材料的尺寸变化有所不同。

1　在描述一番之后，我倒有点想看看实际会怎么样了……

因此，砌砖用的灰浆经过专门调配，凝固后呈现与砖块相同的物理特性，与砖块的抗压强度和热胀冷缩率完全一致。

接下来，我们试试将两块皮革黏合起来。与砖块不同，皮革拥有极高的韧性，因为使用时经常需要扭转和移动。灰浆不可能用在皮革上，因为它像石头一样硬，皮革在移动过程中很容易被撕裂，从黏合的灰浆上脱落。幸运的是，世界各地的制革工人拥有接触型胶。那是一种橡胶基的溶剂型胶，材料性能与皮革相近。如果你用接触型胶把两块皮革粘起来，就算皮革本身撕裂了，两者的连接处也会保持原样。

要选用性质与所黏合材料相近的胶，这听起来似乎显而易见。不过，很多人都不清楚这一点。所以说，如果你是第一次听到这个说法，也不用觉得不好意思。此外，还有其他更重要的事需要关注，尤其是弄清处理不同材料时该用哪种胶。例如，如果要将两种性质不同的东西（例如木材与玻璃，或是皮革与橡胶）粘起来，使用哪种胶就要根据经验、试验和老天的意思了。因为，你使用的胶水需要在两者的机械特性与材料特性之间取得平衡。

为了加以说明，我会举一个比较复杂的例子：玻璃与金属。

请想象一下将一块玻璃与金属黏合起来，然后在户外搁上一年。一年中的温差可能达到50 ~ 80摄氏度，甚至更多。在外界各种因素的影响下，玻璃和金属会随着温度的变化而膨胀收缩。就这两种材料本身而言，这并不是什么问题。问题在于，两者的热胀冷缩率不同。如果玻璃只膨胀了一点点，而金属膨胀很多，两者的表面就会发生摩擦。因此，用于截然不同材料上的胶水需要有一定的活动空间，足以保持二者的平衡，而不会受到任何一方的影响。

例如，给办公大楼装玻璃的时候，建筑业使用的工业胶黏剂不会完全像石头一样硬。它们会保持一定的韧性（凝固后摸起来有点儿像风干的口香糖），确保两侧的黏合强度一致。它们需要拥有这样的特性，因为从办公大楼上掉落玻璃会酿成一场灾难。汽车挡风玻璃用的也是类似的胶水。

对绝大多数创客来说，在作坊里造成的后果通常没那么可怕，但他们面对的情况是类似的：如果你用的胶水不合适，就可能面临结构失效的风险。这可能会毁掉黏合起来的零件，致使制造进度倒退无数步，超出你能够承受的范畴。

我用的胶水

每个人都有自己偏爱的胶水，我也不例外。多年来，我熟知许多胶水并将其纳入我的黏合剂解决方案库中。我很高兴能跟你分享这些信息，但要先声明一点：我对这些胶水及其特性的了解纯粹是功能性的，是一名实干家得出的结论。我既不是化学家，也不是物理学家，更不是材料学家。我在下面概述的每一条规则都有例外，可能有人会告诉你，针对我概述的每个例子，都存在更好的解决方案。请认真思考他们提出的忠告，然后自己动手试试看。你可能有理由不喜欢某种我青睐的胶水。没关系！既然人类拥有改造世界的聪明才智，你又何必放弃尝试无数种可能呢？

常温固化胶是数量最多的一类胶，暴露在空气中后会固化。它们可以是水基胶，例如聚乙烯醇胶（埃尔默牛头胶、基础白胶、木工胶），也可以是溶剂基胶，例如许多“万能”胶。

聚乙烯醇胶很棒也很有用。木工胶是为数不多的“名副其实”的胶水，能形成牢固的黏合，兼具强度和韧性。白胶与埃尔默牛头胶一样，最适合用于多孔材料，例如轻质纸张和瓦楞纸板。对用泡沫塑料造东西（道具、服装、模型）的人来说，有一种比较稀的新型聚乙烯醇胶可谓无价之宝，其中最著名的是摩宝胶。它是一种水基胶，意味着不含有害化学物质，不会使房屋散发臭味，而且便于清洁。

万能胶总是让我失望，因此我只提供简短说明。有些是塑料溶剂基胶，例如硝化纤维素胶泥，有些则是硅基胶。但在我心目中，它们只能用作临时解决方案。有些人非常推崇这类胶，但我不是其中一员。根据具体情况，它们的黏合效果会有所不同。

接触型胶我真的很喜欢。这种橡胶基的胶水也能在常温下固化，但使用方法有所不同。它们通常的用法是涂在要黏合两侧的表面上，先放置一会儿，但时间不要太长，然后将两侧表面黏合起来。吹干机有助于加速这种胶的干燥过程。在我个人网站Tested.com的“一日造”栏目中，当制造的物品需要大量黏合时，我经常使用这种胶。

如果使用得当，这种胶能创造奇迹！它们能用来粘鞋子，这就说明了不少问题。没错，这种胶形成的黏合性坚固而柔韧。它们用途多样，可用于黏合鞋子、泡沫塑料或是把海报粘在木板上。对于多孔材料，我通常会在每侧涂两层胶。在使用方法正确的情况下，接触型胶可能最适合用来黏合不同材料。它们一般装在软管、马口铁罐甚至是喷雾罐里，每种我都用过。其中，我最喜欢的是在皮革工人中大受欢迎的驳船牌，我发现它的韧性恰到好处。不过，从老式五金店买来的无厂牌廉价货也很少让我失望。

热熔胶是一种热塑性物质，也就意味着它对冷热的反应迥异，会随温度变化改变特性。在室温下，它是软硬适中的塑料棒。但将胶棒塞进带加热元件的胶枪后，它就会变成滚烫黏稠、类似蜂蜜的液体，冷却后则会凝固。

针对手忙脚乱的快速搭建，热熔胶是当之无愧的王者。但对要持久保存的东西，我则会像避开瘟疫一样避免使用热熔胶（有一次我把用热熔胶黏合的东西挂上墙，结果还没挂好它就四分五裂了）。热熔胶最适合用在木材、硬纸板等多孔材料上（尤其适合硬纸板），但不适用在金属、玻璃等无孔材料上。

热熔胶通常呈透明或半透明状，但也能买到彩色的。在剧院制作道具的时候，我用过红色热熔胶给老式信封做假蜡封。此外，热熔胶还有一些低温版，可用于黏合泡沫塑料或泡沫板等易融化的材料。热熔胶也可用于制造模具。例如，某场戏中的晚宴场景需要几根鸡腿，布景组就把热熔胶挤进用真鸡腿做成的硅胶模具里。虽然我不确定最终成品吃起来像不像鸡肉，但诡异的是，无论是看起来还是摸起来，它感觉都跟鸡肉一模一样。

环氧树脂AB胶属于热固性胶。你需要将两种独立的液体（环氧树脂和固化剂）混合起来，让两者产生放热反应，通过化学反应使混合物凝固。环氧树脂通常很脆，但也有韧性较大的。它们通常以经典的“五分钟环氧胶”形式出现，装在带盖子的两支软管里。与热熔胶不同，环氧树脂胶在硬化后会永久凝固，无法通过加热重新熔化。

环氧树脂胶不会散发臭味，适合与玻璃纤维配合使用。世界各地船只建造用的都是磨砂玻璃和环氧树脂胶。《星球大战》老三部曲中的战舰大多也是用环氧树脂胶黏合的。但它最大的缺点是对人体有害，因此使用时请戴上手套，并选择通风良好的地方。如果你要大量使用环氧树脂胶，例如给物品添加涂层或黏合玻璃纤维，请戴上化学过滤呼吸器。J-B Weld牌冷焊剂就是装在软管里的环氧树脂胶，甚至有（很可能是虚构的）故事说，它能黏合摩托车的曲轴箱，而且能坚持很长一段时间，足以让骑手骑往摩托修理厂。

环氧树脂补土（又称“钢塑土”）也是一种热固性胶。它们既可用于黏合物品，也可单独用作制造材料。市面上既有适用于管道防漏的水管工版本，也有用于修补漏水船只的版本；既有专门针对金属、木材和塑料的版本，也有重量超轻的版本。由于它们呈黏土状，所以很适合用于一次性制造。

像环氧树脂AB胶一样，环氧树脂补土也分成两部分，通常呈现两种不同的颜色，黏稠度都近似黏土。将两部分糅在一起，直到形成第三种颜色，而且看不出任何一种最初的颜色，就可投入使用了。有些凝固较快，有些凝固较慢。我用环氧树脂补土制作过娃娃屋里的浴缸、玩电子游戏用的枪柄，甚至是锉刀的手柄。等环氧树脂补土凝固以后，就可以用普通木工工具进行打磨、切削甚至用螺丝拧在一起了。

快干胶（又称“CA胶”）是特效行业的灵魂，其中的著名品牌有“可立接快干胶”（Krazy Glue）。它们是在战争期间被发明的，最初是作为战场上紧急缝合剂使用的。我知道有些模型制作师对快干胶推崇备至，因为可以用它来修补裂缝（但我自己从来没有试过）。洛恩·彼得森是《星球大战》最初的模型制作师，也是我的一位老朋友。他发现了伊士曼柯达公司推出的这款神奇胶水，并将它推荐给了工业光魔公司模型工作室的人。这种胶水在特效行业发挥的作用再怎么夸大也不为过。

快干胶用途广泛，呈黏稠度不同的液态，从超稀款（用起来很麻烦）到超级浓稠的填充缝隙款，再到最新推出的软性款，我刚刚开始使用，就爱上了它们。各类快干胶暴露在空气中后都会凝固，也可以通过添加“催化剂”来加速。一旦凝固，它就会变成硬且脆的亚克力，所以要特别小心。

超稀快干胶尤其值得一提。它像伏特加酒一样稀，几乎在挤出的瞬间就会凝固，比其他任何一种快干胶都要快。它非常适合黏合陶瓷之类的东西，因为它可以迅速渗入多孔材料，几乎不会留下痕迹。但如果你的手指靠得太近，它就会渗入你的皮肤，把你粘在要修复的东西上。事实上，它比其他任何一种胶水都容易让人陷入困境。我使用超稀快干胶的时候，经常把超级英雄道具粘在自己手上，次数多到我都不好意思承认。

你需要警惕的不光是自己的皮肤，还有涂上胶水的物体表面。20世纪90年代中期，当我还在杰米麾下制作广告特效的时候，花了一周时间给一只漆得锃亮的木盒制作黄铜包角和掐丝装饰。那个盒子是我同事劳伦用硬木制作的。拍摄当天，我试图把不听话的黄铜包角固定住，所以用了超稀快干胶。它迅速渗入接缝，然后顺着道具前方淌了下来，那恰好是摄像机拍摄的一侧。我至今还记得当时内心的感受。杰米简直气坏了，杰米发火的时候，不会通过嗓音或动作表现出来，只是脸会涨得通红。他就像一支人体温度计，会显示情绪的那种。最后，他不得不用自己调配的彩色蜡做遮盖，以免摄像机拍出快干胶在漆面留下的痕迹。每拍一个镜头，他都得上前补色。整个过程中，他的脑袋一直红彤彤的！

简而言之，千万要当心超稀快干胶！

快干胶固化剂就是所谓的“催化剂”。它是一种溶剂，可以加到普通快干胶里，使胶水的凝固时间从数分钟缩短至几秒钟。固化剂通常装在喷瓶或喷雾罐里，也可以与针管配合使用。尤其是为电影和广告快速搭建模型时，它们的表现棒极了。你只需要记住，溶剂型快干胶固化剂通常会损害油漆和透明塑料（请注意，别让固化剂接触到玻璃纤维！）。

因此，在进行你不熟悉的工序时，请提前拿废料做个测试，弄清固化剂对你手中工件的影响。你总不想鲁莽行事，结果无法补救吧?

我要讲一个鲜为人知的小知识点：小苏打也是快干胶的绝佳固化剂。它能让快干胶即刻凝固，而且不会散发臭味。在涂好的快干胶上撒一点点小苏打，还能让胶变得更坚固。我用小苏打和快干胶在一次性塑料盒内侧做过类似补丁的焊缝，使盒子变得无比坚固。多年来，我结识了众多模型制作师，很多人无法忍受溶剂型固化剂的气味，所以只用小苏打。

焊接胶是一类特殊的胶黏剂。它会使黏合的两面全都熔化，然后高效地凝固成一个整体，这就是为什么它被称为“焊接”。焊接胶尤其适用于黏合亚克力和其他塑料，效果真是棒极了。飞机模型胶是一种增稠型的塑料焊接胶。除此之外，也有一类含水量较大的焊接胶，可以用来制造亚克力塑料盒。水管工用来黏接PVC（聚氯乙烯）塑料管道的胶也是一种焊接胶。我喜欢焊接胶，因为它们的黏合很牢固，便于迅速完成工作。

针对不同类型的塑料，有不同种类的焊接胶。例如，有分别用于ABS塑料、玻璃纤维和PVC塑料的焊接胶。我自己的工作室里大多使用苯乙烯板和亚克力，所以我选择的是威德安三号胶水。用苯乙烯板制作模型或黏合小块塑料片时，没有比威德安胶水加刷子更好用的了。

这些胶水在我工作中的使用率占95%。正如我前面提过的，上述每一点都存在例外。根据你具体制造的东西，还有许多其他各种各样的胶水值得你深入了解。但请记住，了解这些胶水及其作用只是方程式的一部分。

表面预处理

就算你已经选好了胶水，准备好了材料，用胶水把零件黏合起来也一点都不简单。如果你要黏合的零件不够干净，就不会黏合。如果它们没有足够的附着力，就会滑动甚至脱落。为了确保材料紧密黏合，你必须进行所谓的“表面预处理”。也就是说，你必须对要黏合材料的表面进行加工。

这个处理过程与胶水或材料本身一样重要，甚至比它们还重要。无论在哪种情况下，你都需要清除材料表面的灰尘、油污和水汽。如果材料表面上过漆，你还需要除掉涂胶处的一些油漆（尤其是使用焊接胶的时候）。有时候，你甚至需要打磨表面，以便增加附着力。

你不妨试试将两个光滑如镜的表面黏合起来，胶水凝固后，你可能很轻松就能将两部分分开。为什么？因为光滑表面的表面积极小，所以它才会闪闪发亮。如果你把它放在显微镜底下，看到的也会是平坦光滑、犹如玻璃的表面。但如果你先进行打磨，再把它放到显微镜底下，就会看见微小的起伏。这些起伏能使表面积增大，以便胶水渗入并附着在材料上。这就是通常所说的给胶水一些“齿”。没有那些起伏，没有那些“齿”，胶水就会从表面流掉。这就是为什么打磨光滑无孔的表面是紧密黏合的关键。[1]我甚至会在表面用刀狠狠划上几道，让结合的部分多一些“齿”。

选择余地

说到底，胶水多半是临时措施、权宜之计或折中方案。它充分展示了

1　为表面预处理进行打磨时，请使用颗粒较粗的砂纸，例如100目或更粗一些的。

折中的真谛——使方程式的两边都有所欠缺。问题在于，就每种材料的黏合状况来看，世上并不存在完美的解决方案，只有折中方案。这并不是说胶水运用得当的时候效果不好，因为它确实能发挥神奇效果。我只是不喜欢一点：胶水黏合大多数时候都是不可逆的。事实上，在生活的各个领域，我都对这类“单向操作”敬谢不敏。

我住在因交通拥堵闻名于世的旧金山，但这座城市有一点让我很喜欢：即无论你身在何处，无论交通有多拥堵，大多数时候你都能够做出选择。每当高峰时段，我都会尽量避免驶入快速路，就是因为想保留灵活选择权。快速路会限制你的选择，尽管在城市街道上行驶通常要花更多时间，但你在每个路口都有选择余地。胶水则不会给你留有选择余地。用胶水黏合某些东西，等它凝固后，就很难将两部分清清爽爽地分开了。试着这么做通常都会带来灾难性的后果。

这就是为什么我更青睐机械连接——因为它们是可逆的。我连接的东西都可以再次分开，而不会破坏整体结构，就像在旧金山迷宫般的街道中穿行一样，这需要更多的加工处理，更多的琐碎调整，当然也需要更多的时间。但两相比较，我能拥有更多的选项。我想要选择余地，因为那是我身为创客的安身立命之所。

第九章

分享

我将分享信息视为自己的一项个人使命。上天赐予了我出色的天赋，这是我给予世人的回馈。我这辈子取得的成就，都与支持我的人息息相关，其中包括我有幸遇见、结识、合作并学习过的众多优秀人士。作为创客及故事的讲述者，我将自己视为时空连续体的一部分——往前可以追溯到人类使用工具和讲述故事之初，往后可以推进到充满无限可能的未来。共享信息是人类进步的驱动力。

不过，我遇到过很多人，他们都不相信分享自己的作品有好处。或者更具体地说，他们认为，分享自己的作品、工作方法、具体流程甚至是热情所向，只会给自己带来直接损失。在职业生涯的大部分时间里，我常常遇见这种愤世嫉俗的狭隘心态。我从理性上能够理解，但从情感上无法接受。你为什么不想分享自己喜欢的东西？你为什么不想分享自己制造的很酷的东西？你为什么不想分享你和朋友成功克服的挑战？你为什么要隐藏自己多年来获取的知识，为什么要假装你的希望和梦想不值得说给大家听？

根据我的经验（或者借用披头士乐队成员保罗·麦卡特尼的话来说），你付出的越多，就会越富有。

自打记事起，我就一直是这么想的。我喜欢一切开放的东西：开源代码、免费增值模式、开放政策……只要它能让更多的知识和工具掌握在更多人手中，我就必定大力支持。就像我生命中大多数伟大的事物一样，这个想法也是从电影《星球大战》开始的。

分享兴趣

《星球大战》刚上映那年我才十岁，影片中创造的世界对我产生了不可磨灭的影响。我第一次看《星球大战》是在科德角的一家露天汽车影院，坐在我爸妈的丰田卡罗拉轿车后座。当然，我后来又反复看过很多很多遍。汽车后座绝不是最佳观影位置——黑武士达斯·维德与欧比旺大师对决的经典一幕，我只看得见挥舞的光剑，因为对决的两个人完全被前排座椅的头枕挡住了。但尽管如此，当天晚上的记忆仍然无比清晰。我还清楚地记得，老爸讨厌那部电影。在我们驶出汽车影院回家的时候他说“好吧，真是一堆垃圾”。他觉得那部片子既平铺直叙又枯燥无聊。我很惊讶我们对这部电影的看法竟如此不同。不过，我在转瞬之间就得出了结论：父亲在我年幼之年里第一次在这个问题上犯错。我清楚地记得电影开头闪亮的金色机器人C-3PO的镜头，它的身边是闪亮的银色版C-3PO。我心想，一个闪闪发亮的机器人就已经够棒了，而眼前竟然有两个！我还记得自己当时的感受，就像看到了冰山的一角——在这卷一千多米长的电影胶片背后，藏着一个极为宏大的宇宙，这个宇宙比我能看到的更为遥远，更为深邃。我已经准备好了，无论它向何方延伸，我都将不懈追随。

第二年夏天，过十一岁生日的时候，我想要的都是《星球大战》的周边玩具。活动人偶、爆能枪，当然还有光剑。我还记得，我迫不及待地撕开人偶的包装盒，不小心弄丢了莱娅公主用的爆能枪，直到今天，我想起来还会难过。后来，我在《星球大战》系列玩具中加入了另一种制造领域的“敲门砖”（除了硬纸板之外）——乐高积木，并用卫生纸卷筒（当然是作为升降机井）加以扩展。我甚至用乐高积木搭建了自己的死星，里面有许多隐蔽的暗门、邪恶机器人与善良机器人，另外还有一颗可供它摧毁的小行星。

随着《星球大战》的热潮持续升温并开始形成娱乐巨头的形态，电影的幕后故事登上了唯一一类我真正在意的杂志：以科幻恐怖电影为题材的杂志《梦幻电影》(*Cinefantastique*)、《电影名怪》(*Famous Monsters of Filmland*)和《疯格利亚》(*Fangoria*)。我贪婪地阅读着能找到的每一篇关于《星球大战》宇宙的文章(幸运的是，这类文章有很多很多)，认真观察伍基人和贾瓦人的全彩特写照片。最重要的是，我了解到有些人的工作是为了让这部令人难以置信的电影更加引人入胜，而制造飞船和道具。虽说我最终光靠自己也能想明白，但在当时，我简直难以置信，我从五岁起就在舅公的木工作坊、老爸的工作室和自己卧室里做的事，竟然是一份能赚钱的职业！

当你还是孩子的时候，了解这些信息会彻底改变你的认知。你从外界、电视或大银幕上看到的东西，你会以为它们都是真的。你会假定它们一直都真实存在，不会对它们产生任何质疑。机器人就是机器人，伍基人就是伍基人，你会天真地坚信这一点，而绝不会想到，机器人肚子里或伍基人皮毛下有个活人在努力表演并因此获得报酬，他每天下班后会回到自己的人类家庭，他的家人既不是浑身长毛的伍基人，也不是机器人。这个念头会打破童年的“第四堵墙”，像地震一样撼动你的核心世界观，在你的认知层面引发一场海啸。最重要的是，它让我意识到“老天啊，这就是我想做的事！”从那一刻开始，我的职业目标就从乐高设计师转向了“给《星球大战》造东西的人”。而我最终竟然实现了这个目标！直到今天，我还觉得像在做梦一样。

《疯格利亚》和《梦幻电影》这类杂志最宝贵的一点是为作者和读者提供了一个学习与分享自己激情的平台。作为一个很难交到朋友、大多数时间都宅在屋里自己玩的孩子，我不但惊讶地发现“这种事竟然算工作”，还欣慰地得知“还有很多人也对我喜欢的东西感兴趣”。或许他们不与我同班，甚至不跟我在同一所学校，但他们就在某个地方。他们成了我前进的灯塔，无论那些人身在何处，那就是我想去的地方。

事实证明，我根本不用走得太远，因为其中很多人就住在曼哈顿索米尔河公园大道旁。在纽约大学帝势艺术学院和电影学院，能够公开分享我们对科幻小说与太空、电影与模型制作、修补和解决复杂问题等方面的共同兴趣，是建立大型创意社区的基础。在这样的创意社区里，大家可以建立友谊并寻找机会。例如，我初次涉足这一领域就是为朋友大卫·博尔拉的毕业电影制作布景和道具，因为我们经常一起看电影，或是挤在他住处的客厅里喝咖啡、抽雪茄、谈论电影、科幻和奇幻，分享我们共同痴迷的东西。

保持开放的心态并分享你热爱的东西，这个过程也是一条学习的途径，能让你学到比想象中更多的东西。诚然，它也会暴露你脆弱的一面，使你容易受伤。因为，如果你向人倾吐自己的兴趣，对方可能会嘲笑你——就像我小时候的遭遇。或者更糟糕的是，对方能接受你的兴趣，但根本不在乎——就像我二十多岁时的遭遇。当时，我说要在特效行业找工作，遭到了很多人的无情嘲讽。

我在纽约进过几家特效工作室，那里的工作氛围都不怎么样。我发现，它们通常都压榨员工，人人充满敌意，同事关系不和。它们指望一名制片助理每天工作十四个小时（或者更长时间！），日薪却只有可怜兮兮的50美元。即使是在1986年，那点薪水也实在太少了。我能理解那是一种交换，付出劳动是为了学东西。可是，我得到的却是速成教程——他们只会告诉你，别多管闲事，管好你自己的一摊事就行。那些工作室里的人对分享毫无兴趣，根本不会分享他们做过的东西或有朝一日想做的东西。也许是前人（跟如今的他们一样的人）抹杀了他们心中的希望。这一点实在令人沮丧，但我仍然持开放心态，因为我深信一定会有所回报。但实际情况是，我由于过度热切，把顶头上司给惹烦了。最终结果是，我对早期涉足的特效领域并没有感觉到有什么特别。

几年后，我来到旧金山，遇到了杰米。在那之后，我终于有了收获。从很多方面来看，杰米都是个了不起的老板：他给的起薪不错，提供合理的加薪，还能及时给予反馈。最重要的是，他认可我的好奇心，允许我利用他的工作室学习一切我感兴趣的东西。标准的特效工作室就像瑞士军刀一样，拥有一系列令人眼花缭乱的加工流程：车工、铣床、模具制造、金属成型、制陶铸模材料与工具、泡沫塑料雕刻、电子动画制作、吸塑成型、气动装置、喷涂上色……这些只是我在工作室里常用的一些技能。我告诉了杰米，我的目标是什么，我感兴趣的是什么。我问他，我能不能利用业余时间在工作室里做试验。每当我一筹莫展的时候，都会向他和他的搭档米奇·罗曼诺斯基求助，而他们总会一口答应下来。如今的我之所以能在创意军械库里拥有一大堆"武器"，很大程度上要感谢他们二位。

无论你是否身处创意领域，如果你不知如何才能在工作或生活中向前迈进，我的建议是：弄清你对哪个领域感兴趣，与同事和老板分享自己的兴趣，以便加深对那个领域的了解。我的工作室里有个助理叫梅尔，他每年夏天都来给我打工。梅尔曾告诉我，他想进一步了解如何喷涂和做旧。碰巧，我刚从手工艺品交易网站Etsy买了一套3D打印的《星球大战》帝国暴风突击队步枪。于是，我请梅尔将它拼装起来并预涂成黑色。随后，我花了一个多小时向梅尔介绍三种不同的工艺，使塑料看起来像真正的金属，以及经过每道工序枪支将如何逐渐变旧——突出的边缘会出现磨损，斜看能更好地看出风化痕迹（这一点很难学，因为每个位置的风化情况有所不同）。梅尔全身心投入，做出的成品棒极了。

他接受了我的指导，将其纳入了自己的技能库。事实证明，梅尔天生就是吃这碗饭的。在此之后，我能够委派给他的项目大大增加。我提供的教学为我们双方都带来了直接的好处，而这是我很久以前从杰米那里学到的。优秀的老板会鼓励员工这种“厚颜无耻”的做法，并营造一种鼓励大家都这么做的氛围，这才是真正优秀的商业头脑！现在，如果与我共事的人想要多学点东西，而且勇敢地说了出来，我作为雇主会非常欣赏，我很高兴能为他们提供扩展技能的空间。工作室就像充满无限可能的引擎，工作室里每位成员的技能越多，大家的工作效率就会越高，越能从整体上提高引擎的效率。对每个人都是利大于弊。

分享造物

我的成功很大程度上取决于我能按时、保质地完成工作。为了有机会做这份工作，我首先依靠的就是口碑。人们的口口相传常常使我受益匪浅。在制造领域，口碑就是一切。是的，一切！打造口碑要从你自己开始，尤其是谈论你真正擅长的事并分享证据。

我在旧金山剧院苦干了好几年，掌握了基本技能之后，我自然而然转向了自己的专长——道具，并以“擅长设计和制作道具，以及解决复杂的机械装置和布景问题”而闻名。最终，伯克利保留剧目轮演剧院的道具部门雇用了我。他们将美籍华裔作家汤婷婷的杰作《女勇士》改编成了戏剧，刚刚拿出第一阶段成品，剧中有让椅子和盆栽植物自行移动的鬼魂。伯克利剧院空间不大，最多能容纳四百名观众，而且舞台延伸到了观众席中央，所以什么都躲不过观众的眼睛。表演、服装、化妆、布景、道具——一切都暴露在众目睽睽之下，丝毫没有滥竽充数的余地。

在这部戏里，我的主要任务是制造一把机械安乐椅和一棵机械棕榈

这只机械手由纸、渔线和金属连杆制成，它帮我接到了杰米的面试邀约。

树，让它们能骗过从前排到后排每一位观众的眼睛。经过数十个小时的构思、绘图和断断续续的制作，我最终造出了两只体积小巧、扭矩超高、坚固耐用、可远程操控的机械底盘。它们的效果棒极了，是我在剧院工作期间最值得骄傲的成就之一。

结束在伯克利剧院的工作后不久，我就接到了杰米的电话，他向我发出了面试邀约。通常来说，在像我们这样的创意领域中，标准面试流程是带上自己的作品集，里面是塞满作品的高分辨率全彩照片，面试官会花上几分钟时间翻阅。对你来说，那短短几分钟可谓煎熬，感觉就像几个钟头似的。最后，面试官会合上作品集，问你一大堆问题，但那些问题并不会表露出他们是否喜欢你的作品。这套面试流程并不怎么样。因此，我参加面试时会带上一只手提箱，里面装满我曾经制作过的实物。我认为，分享你光鲜亮丽造物的二维图像同把东西实实在在放在决定你能否得到工作的人的手中，是完全不一样的。如今，作为一名主管，我很清楚，亲眼看到某人制造的东西，哪怕只有一件，也能从中获得许多有用信息。

这些机械马达分量十足，但光凭肉眼看不出来。它们负责操纵《女勇士》剧中的安乐椅和棕榈树。

照片很难传递出所有必要信息，难以体现完成工作的高超技艺。用双手触摸物品，绕着它们走动，从各个角度审视，更能为准雇主提供必要的图像信息。至少对我来说，摆在面前的物品更能激起我的热情。此外，我还能对它们的所有特性和制造过程如数家珍，这样可以更生动地展现我这个人和我的工作。这可比雇主从一本相册里能了解到的多多了。对制造的热情战胜了我对面试的恐惧。

跟杰米见面的时候，我只能带上为《女勇士》打造的机械装置的照片，因为机械底盘又大又重，没法随身携带。不过，我还带了一只手提箱，里面装满了我过去制造的物品，如机械手、加工过的连杆结构、涂装上色的模型。我们花了大约一个钟头翻看那堆东西。杰米了解了我是一名什么样的创客，我则讲述那些物品的诞生故事。至于后来发生的事，就是众所周知的了。

事实上，参加求职面试的时候，你很少有机会展示自己的所有技能。无论你找的是哪种工作或置身何种领域，情况都是如此。分享你做的东西，展示你的作品，是你拥有的最佳机会，因为每件物品都体现了你此前掌握的技能和汲取的经验。那件物品可以是手机应用程序，也可以是关于“全食超市为何挤满怒汉”的五千字论文，甚至可以是组装起来的一棵机械树——具体是什么并不重要。

史蒂夫·马丁在喜剧界刚刚崭露头角时，有人告诉他：“你学过的所有东西最终都会用到。”[1]确实，我做过的每一份工作，从无偿的有线电视程序员、图书馆员、餐馆勤杂工、平面设计师、演员、风景画家到玩具设计师，它们都对我如今的专业工作大有助益。

当然，“分享你做的东西”不限于求职，它也适用于创业、寻找合作

1　马丁的精彩回忆录《天生喜剧狂》讲述了他作为单口喜剧人的经历。

伙伴或为创客身份打基础。分享你的作品就是宣布你的存在，说出自己的成就是对自己的投资。你不一定要大张旗鼓地炫耀，也不必自吹自擂（这话说的是我自己），更不需要做到完美。你可以在博客或图片分享网站Instagram上创建账户，参加漫展、聚会和展览，为自己博取名声。你可以通过与众人分享你制造、绘画、写作、设计的证据，接受自己作为创客、画家、作家、设计师的身份。

只要记住一点：别唠叨地说个没完，也别觉得自己特了不起。请相信我，谁都能区分"光说不做"和"说到做到"的人。二十岁之前，我总是滔滔不绝说个不停，搞得别人完全插不上嘴。我常常向别人展示我的热情所在，因为我确信对方会像我一样，为我的作品兴奋不已。当然，这引发了很多令人尴尬的沉默，我并不为那段天真幼稚、以自我为中心的岁月感到自豪。直到今天，我还在努力做个更好的倾听者，而不是"等待说话者"。但这并不能改变以下事实：听别人分享自己的热情所在，是件激动人心又有意义的事。你永远不会知道事情会如何发展：也许，你向某人展示了自己的第一副自制手套，未来有一天他会想起你会做手套，于是找你制作更多手套。多年来，我通过上述方式得到了很多份工作。所以，请继续分享你的作品吧！

分享功劳

多年前，我走进杰米的工作室接受面试时，并不知道他早就听说过我。我在剧院里的雇主和同事向杰米等人提起过我和我的作品。他们谈论自己的成功作品和最自豪的成就时，并没有包揽所有功劳，而是对做出贡献的人大加赞赏。我就是他们慷慨赞誉的受益者。

在这方面，我承认自己运气不错。我在电视界浸淫了近二十年，我可以向你保证，好莱坞体制中的人会削尖脑袋抢占功劳，而且存在这种现象的远不止影视行业。著名社交网站Reddit上充满了发布原创内容的人，也充满了把这些内容当作自己内容一样快速转发的人。你永远无法确定，自己能否因为辛勤工作而得到应有的赞誉。这件事可能会令人心烦，但并不意味着你应该停止分享。有一点是始终不变的：要想创造出伟大事物，创造出与众不同的东西，就需要大家群策群力。没有人能纯靠自己做出新东西。作为社会成员，我们会发生互动；作为探险家，我们会互相促进；作为问题解决者，我们从周围人身上学到的东西，同从自身成败中学到的东西一样多。再多的“抢占功劳”也不会改变上述事实。将成功完全归功于自己，本质是忽视了所有帮助你实现目标的人。

我为自己的作品感到骄傲，会毫不犹豫地说“那是我做的”，但我也坚信，应该与共度旅程的人分享这份骄傲。这能让更多的人了解我们的成就，了解我的合作者作为独立创客的优秀之处，以及当每个人都抛开自负，为了共同目标聚在一起时，会碰撞出什么样的火花。例如，我的太空服（例如美国宇航局的橙色高级逃生服或电影《2001：太空漫游》中的克拉维厄斯基地太空服）就是这么造出来的，它确实需要一大帮人群策群力。

理查德·泰勒、彼得·杰克逊和吉米·塞尔柯克之所以将总部位于新西兰的特效公司命名为“维塔数码”，就是试图培养这种风气。理查德创办的第一家特效工作室叫作RT特效，也就是“理查德·泰勒特效”的简写。彼得·杰克逊是一位著名电影导演。吉米则是一位荣获奥斯卡奖的剪辑师。他们完全可以用自己的名字给工作室命名，并就名字或首字母的排列方式进行一番讨论。这在律师事务所、建筑事务所和其他集体企业中十分常见。不过，“维塔”指的不是他们三个人，也不是那种类似蟋蟀的同名史前昆虫。2018年初，我拜访位于新西兰惠灵顿的维塔工作室时，理查德告诉我："我们给自己的工作室取名维塔，这样每个人都会觉得是在一面统一而又独特的旗帜下工作。"

维塔共有十一个部门。与美国的大多数特效工作室不同，维塔的创客会定期在各部门之间轮岗。"这群人不喜欢各自专攻一个领域，而喜欢真正全面地合作。"理查德说，"例如，制作雕塑的时候，半成品会由一位手艺人传给另一位手艺人，再传到下一位手里。随着时间的推移，集体合作将让它变得丰富多彩，比任何单人作品都要出色。"

这是一种美妙的哲学，我很喜欢它，因为它通过一种健康的方式彰显了个性。理查德对此的解释是："我们希望员工以自我为中心，为自己做的东西感到骄傲，但这并不意味要排斥跟别人一起工作。"如果说精雕细琢的作品暗示了什么，那就是"维塔的整体总是大于各部分之和"。功劳既是公司所有者的，也是每一位手艺人的。

在位于教会区的小工作室里，我们制造过很多东西，也与世界各地的创客携手合作、委派任务、交换技能。禅宗大师一行禅师对佛教"五念"之一的诠释，充分说明了是什么激励了我与人合作："我唯一真正拥有的是我的行为（业），我无法逃避行为造成的后果（业果），我的行为是我立足的基础。"在剧院、工业光魔、巨型影像、《流言终结者》和自己的工作室里，我站在众多伟大艺术家、出色工匠和创造大师的肩膀上。不承认他们的贡献，不给他们应得的赞誉，不但是错误的，也是不公平的。这么做将不可避免地造成业果。

分享知识

20世纪90年代，我刚进入杰米的工作室时，曾与一名叫作克里斯·兰德的机械师兼工程师合作，做过一阵子机械加工。克里斯才华横溢，平时话不多，但技艺出众。刚遇到他的时候，我简直是个彻头彻尾的外行。显然，克里斯并不认为我是个优秀的机械师（我确实不是），但仍然愿意帮助我。

每天，我都会在旧式的桥堡铣床上干活。当我自认为所有东西都被钳牢之后，为了确保万无一失，会偷偷瞥一眼克里斯。我知道他不会对我的准备工作发表评论，但知道他会从旁观察，并通过面部表情或肢体语言表露看法。如果他觉得我做得不对，就会直摇头——那是克里斯独有的表达方式，仿佛在说“你肯定会毁掉东西”。那么，我就会卸下加工件，重新做好准备，然后再看他一眼。每次他都会摇摇头。经过三四次尝试，我终于得到了自己一直渴望的赞许——微微耸肩。就克里斯而言，这已经算是高度赞扬了，这表示我没有彻底搞砸。他耸肩的意思是：“好吧，至少你不是个彻头彻尾的大白痴。”

我们关于工作流程的交谈少之又少，说过的话估计两只手就数得清。但通过那些耸肩和摇头，克里斯同我分享了许多机械加工的知识。大科学家牛顿说过：“如果说我看得比别人更远些，那是因为我站在巨人的肩膀上。”他说的是人类一切进步的基础——知识共享。多年来，我有过很多导师（包括克里斯在内），我从他们每一个人身上都学到了无数东西。他们有一个共同特点，那就是深知慷慨分享知识对全人类的重要性。因为知识就是力量，而你能用它做的最有力的事就是与人分享。我的导师们不像曼哈顿特效工作室里的那些人，不会对后起之秀藏着掖着，也不认为“知识技能是稀缺品”——这种心态只会让世界缩至虚无。他们开明开放，并从中受益。事实上，其中很多人至今还在为世界上最伟大的电影和电视机构工作。

不过，我也遇到过很多人，他们不愿分享自己了解的信息，对所在领域的进步也不感兴趣。21世纪的头几年，我曾与一位出色的模型创客共事。他花了好几周时间施展某种特殊的涂抹技巧，取得了绝佳的效果。我问他，能不能让我拍些照片，记录下他工艺流程的每个步骤（为了保护他的隐私，我特意省略了细节）。他说："当然可以！但我不会告诉你诀窍的……"他把这门特殊技艺当作金饭碗，觉得我要是学会了，就会跟他抢饭碗。他承认这么做是有点"古怪"，但他确实是这么想的，也对关键步骤缄口不提。他当然不是唯一一个有此担忧的人，所以我们只好求同存异了。

制作完《地狱男爵》中的机械手套后，我在2014年的圣迭戈国际动漫展上把它展示给了导演吉尔莫·德尔·托罗。但在内心深处，我始终觉得还有什么事没做完——我需要帮助其他人做出同样美妙的成品。于是，我打算将制作过程做成一份详细说明。

那段时期，我经常坐飞机前往美国各地的大学，跟杰米一起做活动。在数十次长途飞行之旅中，我在Photoshop软件的帮助下，借助塞满项目细节的大脑，将制作机械手套用的清单和手绘草图，化为了实实在在、易于参照的艺术品。最终成品是一张大海报，涵盖构成那件惊人道具的每个小部件、小零碎和小玩意。

我之所以这么做，既是因为希望自己的清单和草图能发挥余热，也是因为我热爱分享。只要一想到别人能用它来满足"亲手制作这件物品"的愿望，我就乐得合不拢嘴。

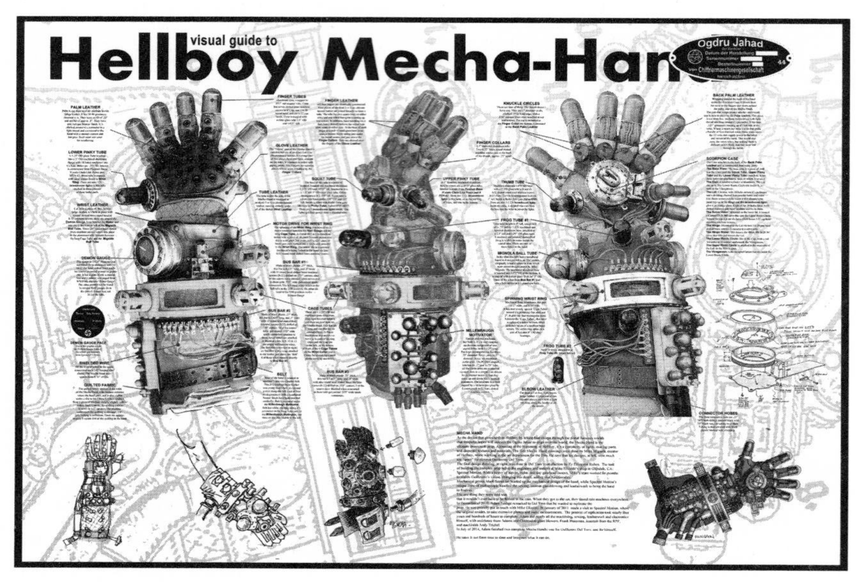

别人告诉我，对于机械手套之类的东西，我看问题的角度与众不同。但事实上，我一直都是这么想的。早在第一次整理乔治·卡林“不能在电视上说的脏话”清单的时候，我就觉得，自己做的事远远不止是为了满足好奇心。我整理出了一份比HBO电视台播出的特别节目更容易获取的重要文档。我把每个脏词认认真真写在独立的索引卡片上，尽可能添加了注释，还加入了一些我知道的脏词。1983年，在卡内基音乐厅拍摄的几场特别节目中，卡林在节目最后掏出了一本信笺簿。片尾的演职人员名单向上滚动的同时，卡林一页接一页地念出了他听说过或能想到的所有脏话。如果我记得没错的话，它们足有好几百个。我把它们统统加入了收藏，按首字母顺序排列，放进了一个装档案卡的小金属盒里。为什么？我很想说是为了妥善保管，但十二岁的我，脑子不是这么转的。那是我整理出的第一套完整“藏品”，我希望能好好保存，方便其他人使用。至于为什么要这么做？我也不知道。但我关心的不是这个。它们是真正的智慧，需要与人分享。接下来的四十年里，这个理念一直在指引我前进。

我发现，对于脏话和库布里克巡回展中的道具，我的处理方式存在一个有趣的共同点。如果你是库布里克的狂热影迷，就会知道，他曾试图拍摄一部关于拿破仑的史诗电影，但生前未能付诸实践。为了拍摄那部电影，库布里克做了大量准备，包括撰写完整的剧本、研究当时的服饰并搜寻相关历史地点。但他的研究中有一部分我并不了解。

库布里克巡回展中有一份不起眼的卡片目录，是库布里克准备拿破仑项目时请英国当地大学的历史系编写的。那份卡片目录塞满了好几个抽屉，其中充满了交叉索引，记录了拿破仑生平的每一刻——他遇见过的每个人，去过的每个地方，做过的每件事。如此庞大的数据库光是想一想都觉得不可思议，更别说是真正做出来了。每当想到库布里克家族愿意与世人分享它，我都激动万分。

分享愿景

如果你想创造伟大的作品，就必须同其他创客合作。你不但要善于分享自己的创意，还要善于分享你对它们的想法——它们的外观、使用方式和为何需要制造。简单来说，就是在最理想的情况下，你希望合作者帮你做些什么。你必须能跟他们分享自己脑海中的图景，还要弄清他们在听你描述时是怎么想的。

我制作电影《2001：太空漫游》中弗洛伊德博士的午餐盒时，跟汤姆·萨克斯分享了我脑海中的图景。他对库布里克的痴迷程度跟我不相上下。我们一致认为，两个人一起全情投入这个项目会很有趣。于是，当我从零开始打造自己的版本时，汤姆也在动手制作，只是不像我那样完美再现原版道具。他希望以自己独特的风格复制这件道具，也就是使用胶合板和普通五金件。我们拥有共同的创意和愿景，只是细节上略有不同，而这展现了我们身为创客迥异的个人审美。最终成品简直是棒极了。

在我和汤姆一头扎进《2001：太空漫游》道具之前，我参观了科幻电影《环太平洋》的拍摄现场，被导演吉尔莫·德尔·托罗付出的巨大努力深深震撼。他手下有数百名员工，大家共同致力于实现“巨型机器人对抗巨型怪兽”的共同愿景，构建一个规模大到难以想象的世界。一个人怎么管理如此庞大的团队？怎么才能让包含数十位工匠的团队保持凝聚力？当天晚上共进晚餐的时候，我问吉尔莫是怎么做到的。

左边是汤姆的午餐盒和膳魔师保温杯，右边是我的午餐盒。我们每人各做了两个，并将第二个送给了对方，这样两个人就都有一套完整的了。这是共同愿景得出的截然不同的成果。欢迎进入创意界！

他回答说："你必须在一定领域内给予每个人完全的自主权。"他的意思是，在获得他们对宏大愿景的支持后，你需要严格界定他们在实现愿景过程中扮演的角色，然后给予他们自行其是的自由。你希望帮助你的人充满活力、积极参与，希望他们贡献自己的创意，而不是仅仅遵循你的指示。给予他们创意自主权，就是鼓励他们展现个人才华，同时让他们始终朝着宏大的共同愿景前进。

无论你是创意之船的船长，还是被贬到艉甲板的底层水手，没有谁是孤立的。我们每个人都是创意社群的一部分，正如我们是凭想象创造新世界的创客。认为自己能独立完成任务这很好，但它也触发了我们自负的按钮，认为自己是独一无二的天才。经验告诉所有创客，每个成功都是共享的成功，每个共享的成功都是对"促成成功的文化"的投资。我相信当我们都拉着同一根绳子时，世界会变得更美好。

身为创客，你要用自己积累的知识做些什么，完全取决于你。你打算把它藏着掖着吗？还是打算假装自己灵思泉涌纯属天意？还是说，你会分享自己学到的东西，会向跟自己兴趣爱好一致的人敞开胸怀，向他们展示你是什么样的人，你喜欢什么，做过什么，了解什么，谁帮助过你，以及你打算利用上述资源做些什么，以便让世界变得更加美好？

我知道我的答案是什么。你呢？

第十章

一目了然，触手可及

工作室不仅仅是制造东西的地方，也是我们收集材料、工具、笔记和尚未完成的创意的地方，但它也是我们如何思考组织、项目管理和工作优先级的体现。工作室里装满了我们个人的历史，在工作室里，我们可以沉浸在这样的幻觉中：宇宙拥有一定的秩序，而我们作为创客，可以假装自己能在某种程度上掌控一些东西。工作室是讲述我们故事的元工具，记录了我们身为创客的经历。在这里，我们选择解决的难题会向我们发起挑战。在这里，我们的成功与失败将不遗巨细地展现出来。我们在这里与世界相遇，在这里直面自己的内心。

从这个意义上说，每间工作室都体现了个人工作理念，并且工作理念由个人信念支撑。像其他任何东西一样，随着时间的推移，随着经验与智慧的增加，工作室会不断发展变化，但始终是你自我的反映。它们反映在我们作为创客，总是会问自己的问题的答案中：我做的是哪类工作？我喜欢这份工作吗？我最常使用哪些工具和材料？我对这份工作是一般喜欢，还是爱到发疯？我是更喜欢搁板、箱子、钉板、抽屉、架子，还是上述一切都喜欢？创客的任务就是弄清这些问题的答案，弄清它们如何影响了工作室的形态与理念。如此一来，我们才能促使自己不断进步，以免陷入故步自封、原地打转或试图接纳别人的理念。

NBC电视台情景喜剧《公园与游憩》中的大胡子明星尼克·普罗德曼从小就是个创客。他在芝加哥西南方大约一小时车程的地方长大，家族成员众多，都以务农为生，每个人都是创客。某个夏日清晨，我们聊起他的工作室时，尼克回忆说：“农场主必须是优秀的机械师、生物学家、畜牧专家兼木匠。”

尼克的第一间工坊很可能是儿时住的农舍。“我和老爸负责准备农舍里三个烧火炉的木柴。因此需要一把电锯、一把斧头、一把长柄大锤，加上很多很多的劈柴楔。”尼克如是说。实际上，他的第一间工作室是森林，他的工作理念是追求实打实的效率。

直到二十多岁搬到芝加哥，在剧院做布景师的时候，他才借房东朋友为了避税而一直闲置的仓库，拼凑出了一个勉强能称为“工作室”的空间。“他只是坐在那里，我说：‘噢，你也知道，芝加哥这地方挺乱的。我很乐意住进去，在里面搭布景，还可以为你提供二十四小时保安服务。’他也是个很会装糊涂的人，他笑着说：‘我觉得吧，这事好商量。’”

你不难想象，在一座非法的商住两用仓库里，一名年轻布景师和一个胡说八道大师搞出的工作室是什么样的。“我有一把从大剧院弄来的二手台锯、一把排锯——那几乎是剧院作坊里唯一必备的固定物品，除此之外，还有全套手动工具。那是得伟牌的大黄蜂六件套电动工具，其中包括修枝锯、无绳电钻、往复锯、无绳竖锯。接下来，还有一把槽刨和磨砂抛光设备。那几乎就是所有必需品了。等你有钱了，会再买一台小型压缩机加一把无绳钉枪。”

你年轻的时候，第一间工作室可能同样粗制滥造，但却被年轻人的傲慢所武装。它会反映出你心理结构三个部分之间的斗争。如果你是像我一样的人，你的“本我”就会逼“自我”来一场双人对打。它们会挣脱束缚，跳到“超我”背上，把它揍到陷入昏迷，导致它无法调节预期和可接受的行为。对于尼克来说，这意味着抛弃用木工桌这样的基本装备来固定制作布景的材料。“当时我出于无知，认为自己是个布景师，就看不起木工工作。”尼克承认，“搭布景要的就是速度，在搭布景的时候用东西把材料固定住，在我看来实在是太奢侈了。”他通常是怎么方便怎么来，比如拽过几个锯架和一些夹钳，借助它们来锯木料。当然，我年轻的时候也是这么做的。“不过，这需要更大的力气和敏捷程度，”尼克继续说道，“而且10%会出问题。我会不小心摔一跤，砸穿刚刚搭好的假墙。”我也是这样。

通常来说，我们的第一个工作室都充满活力但乱七八糟。不过，我们会一口咬定这是创造力的体现，但是随着距离的产生（无论是时间还是空间），我们就会意识到，混乱以某种方式阻碍了自己的创造力产出。

事实上，我的第一间工作室根本算不上工作室。它是纽约布鲁克林区公园坡的一间单身公寓，房东让我免费住在里面，前提是他一旦决定卖楼我就得马上搬出去。[1]公寓内部看起来就像好多个垃圾堆组成的地形图。就像当时我糊里糊涂的脑子一样，工作室里满是乱堆乱放的原材料、尚未成型的创意作品和回收利用的垃圾。当时我经常沿街捡垃圾，幻想自己是个拾荒艺术家。20世纪80年代中期，纽约可谓拾荒者的天堂。纽约人扔掉了许多令人叹为观止的好东西，从弹球机到电动牙医椅，再到19世纪的轮船衣箱。当时的氛围真是令人陶醉！

我在公园坡的那家工作室住了两年多，直到发生了一起蟒蛇出逃事件，怕蛇的邻居为我在布鲁克林的生活画上了句号。那两年里，我用翻垃圾桶捡来的东西做了一大堆雕塑和酷玩。每天，我都有几个小时跪在地上，从屋里的垃圾堆里翻捡零件，试图把它们变成……某种艺术品。我卖出的第一尊雕塑就是在那里完成的。虽说我的工作习惯相当糟糕，但那是一段美好的日子。不过，二十一岁搬回爸妈家，终于让我找回了理智。

1　这是一种“囤楼”的非法行为，我很高兴能从中获益。

我位于公园坡的第一间“工作室”地板通常的样子，约1986年。

搬回家以后，平面设计的自由职业充其量只够维持生计，加上曼哈顿特效工作室的恐怖经历还历历在目，我决定把地下室修整一番然后住进去。搬家的时候，我带上了所有能塞进汽车并觉得不会害我立刻被踢出家门的工具和“材料”。我把地下室里老爸用不着的东西统统搜集起来，又花了几天时间整理好，打造出了自己第一间实打实的正式工作室。

我按照两个原则做整理：首先，我需要将有限的空间最大限度利用起来，这就意味着把所有玩意儿推到墙边，把东西堆在架子上和桌子底下，或是挂在桩子、钩子和钉子上；其次，我希望打造一个完全符合自身需求、既方便制造东西，又能够激发灵感的空间。这是一个持续进行的过程，因为二十一岁的我并不知道自己需要什么，也不清楚哪种整理方法最有效。

不是所有整理方法的效果都一样。有一种方法能让你整理得干干净

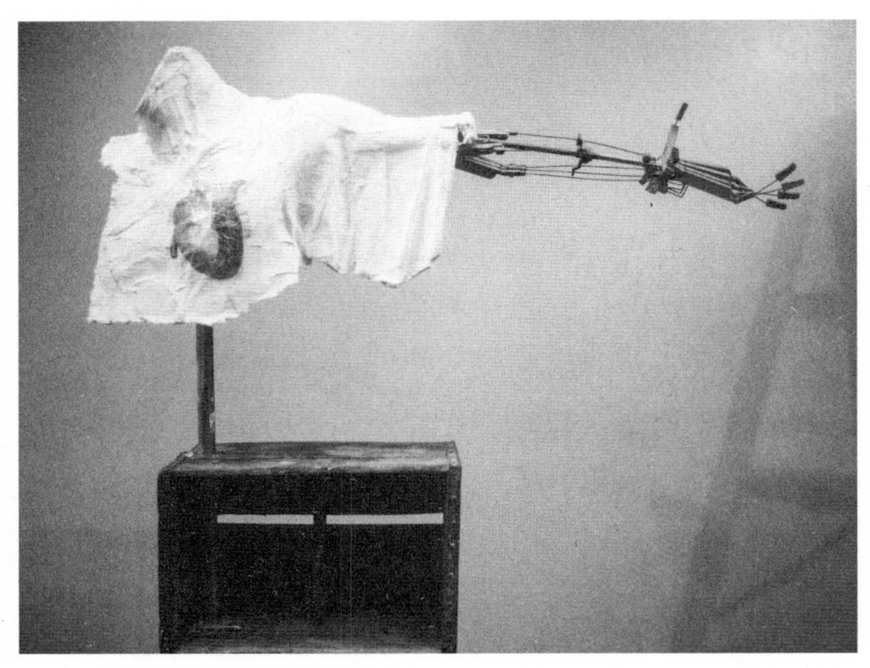

上图：《面孔之水》系列雕塑作品之一。
左图：《本垒打》是我卖出的第一件作品，买家是《纽约客》杂志漫画编辑、漫画家兼我们全家的老朋友李·洛伦兹。

灵感来自英国画家大卫·霍克尼的绝妙拼贴画。我试着用拼贴画的形式记录工作室的样子和感觉。（1989年）

净，所有东西都收纳得看不见、贴上标签、按颜色排列，感觉就像监狱一样，让人倍感压抑。另一种方法同样能把东西整理好，但更加敞开，无遮无挡，能充分释放你的创意天赋。我的目标是在两者之间找到平衡点。基本达成这一目标后，我不但效率提升，灵思泉涌，还找回了“真正艺术家”的感觉。我已不再是住在布鲁克林、想要成为艺术家的菜鸟！这已不再是我儿时的异想天开，而是有价值的艺术追求。

我在爸妈家住了差不多一年。那是一段相当难熬的日子，但也是一段硕果累累的时期——我做了很多很多雕塑。1990年春天，住在旧金山的一位好友邀请我做他的室友（如果我没记错的话，他的原话是“我也不是特想找你做室友，但反正你不可能比我现在的室友更糟糕”），我

我认为真正的艺术家应该是这个样子，多嬉皮啊！（1989年）

就横跨美国搬了过去，后来再也没有离开过。我在西海岸的第一间“工作室”，是我们在旧金山西增区同住的公寓客厅里的一条长凳。接下来的几年里，我加入并拜访了数十家工作室，每一家都给了我许多创意灵感，有助于我最终打造出自己的工作室。当时，我想象的是一间“凌驾一切”的完美工作室。但事实上，我先后打造了好几间规模和理念各不相同的工作室。

我最小的工作室确实小到夸张，只有约2.4米宽，3.6米长，但这个小小的空间里塞进了很多东西。在那里，我完成了《银翼杀手》爆能枪的大部分早期枪械加工，以及《第五元素》ZF-1型多功能枪的大量机械加工。我最大的工作室是目前位于教会区的工作室，绰号“洞窟”，面积约232平方米。从2011年起，我一直在“洞窟”工作，并不断调整它的整理收纳体系。

我知道它看起来很小，但那是一间很棒的工作室。照片左侧可以看见电影《第五元素》中的ZF-1型多功能枪，它背后隐约可见可口可乐商标。

如今，我能看出自己陆续打造的工作室存在一些相似之处。它们之所以彼此存在联系，部分原因是多年来我一直从事大致相同的创意工作，所以工具、材料和整理方式也大致相同。但随着我的经验越来越丰富，我各间工作室的共同点显现了出来。它们都建立在两个简单理念之上：首先，我希望所有东西一目了然；其次，我希望所有东西触手可及。我认为，工作室是工作方式的体现，而这就是我的工作方式。

一目了然：看似嘈杂

回到我住在布鲁克林的时候，如果你问我理想的工作空间是什么样的，我会描述成一间开放式大跃层，里面有一张工作台和几十辆带滚轮的大型帆布手推车，就是过去用来运送邮件或脏衣服的那种。每辆手推车里堆满不同类型的材料：一辆放电机马达、一辆放乐高积木、一辆放

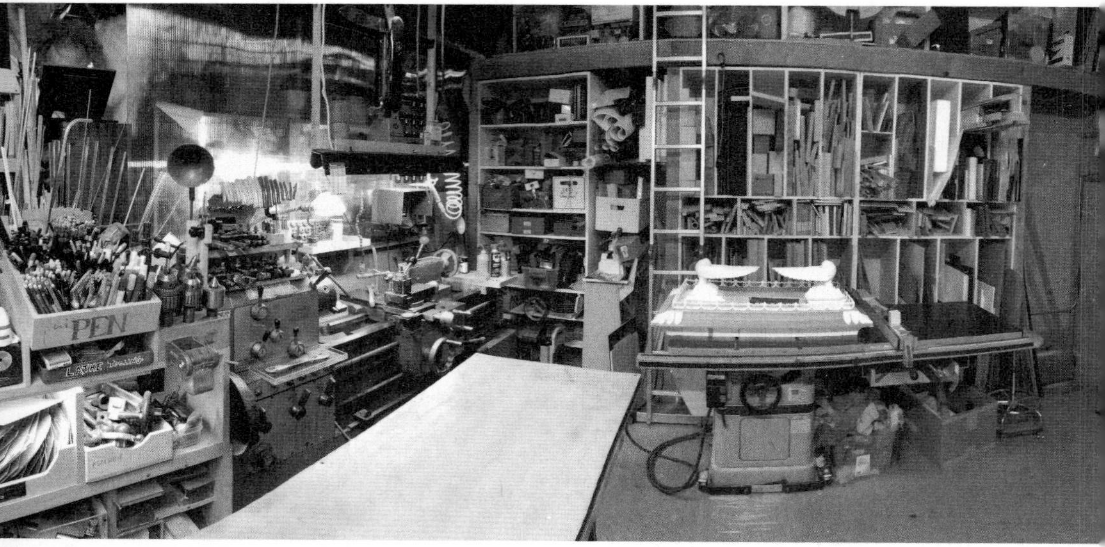

“洞窟”，约2014年。

电子器件、一辆放造型酷炫的塑料玩具……总而言之，我理想的工作环境就是把固定不动的垃圾堆装进带轮子的手推车里。这完全符合我当时的工作流程：杂乱无章，自然生长。

随着位于沉睡谷的工作室逐渐成形，我意识到，我其实很喜欢其中“自然生长”的部分。我不希望看到所有工具和材料都码得整整齐齐，而更喜欢它们自然散落在各处，在很难将一切尽收眼底的空间里，我反倒觉得舒心自在。不过，我也需要知道每样东西放在哪里。成堆的垃圾不利于我的大脑整合双眼获取的信息。如此一来，我的双手也就不知该伸向哪里了。

我将这种情况称为“看似嘈杂”。那有点儿像交响乐团正式演奏前的热身准备。音乐还没有成形，但已经能听到悦耳的旋律，因为乐团里的各个声部都在为演出的曲目做准备。等到指挥盛装登场，带领乐团按

照乐谱演奏（也就是按正确的顺序、以适当的速度演奏每首曲目），音乐才算真正成形。

我工作室的布置也是同样的道理。在布鲁克林区公园坡的工作室里，我捡来的垃圾堆成一座座小山，就像乐团里的各个声部同时奏出一个高音，并尽可能拉长时间，那效果简直是震耳欲聋。在沉睡谷的工作室，组织逻辑有所改变，开始渐渐体现我喜欢的工作方式（风风火火加上意识流）。在此之后，这变成了我每间工作室的审美目标。

我作为创客的成长经历决定了工作室的布置和审美理念。我每掌握一项新技能，都会累积不同的工具、胶水、涂料和相关材料。随着我掌握的技能不断增加，工作室里的材料和可供选择的项目也随之增加。请别误会，我一直对自己想做什么有清晰的认识，也有切实具体的制作规划。不过，通往罗马的道路不止一条，达到目的的方式也不止一种。对零部件进行切削、黏合、涂装、抛光、组装的方法有无数种。作为一个喜欢“快速搞定”的家伙，我只要一拿起碎布头、石膏绷带、钻头、喷瓶和涂料，就会尽快将创意化为现实。更重要的是，我需要所有工具和材料都一目了然，随时摆在自己眼皮底下。

这就是为什么我对抽屉又爱又恨。我的看法是：去他的抽屉！抽屉乃物品走向消亡之处！它们通过“帮”你把东西收起来、让工作室看起来“更干净”，使你获得虚假的安全感。但事实上，通过抽屉把东西放在你看不见的地方，它们也就彻底离开了你的视线范围。抽屉会将乐队彩排调音变成平淡无聊的单音，甚至是彻底静音。把东西放进抽屉以后，你真能记住它放在哪个里面了吗？你做的标记有多清晰？它跟类似的材料放在一起吗？根据我的经验，“眼不见”会导致“心不念”。而在工作室里，我希望能一眼看见所有东西。所以，抽屉就不太适用了。

我最喜欢做的一件事是找一只看起来像这样的抽屉：

这是我所有的刀具和配套刀片。

用上泡沫夹芯、锋利的小刀和一些热熔胶，花上大约一个钟头，把它变成下面这个样子：

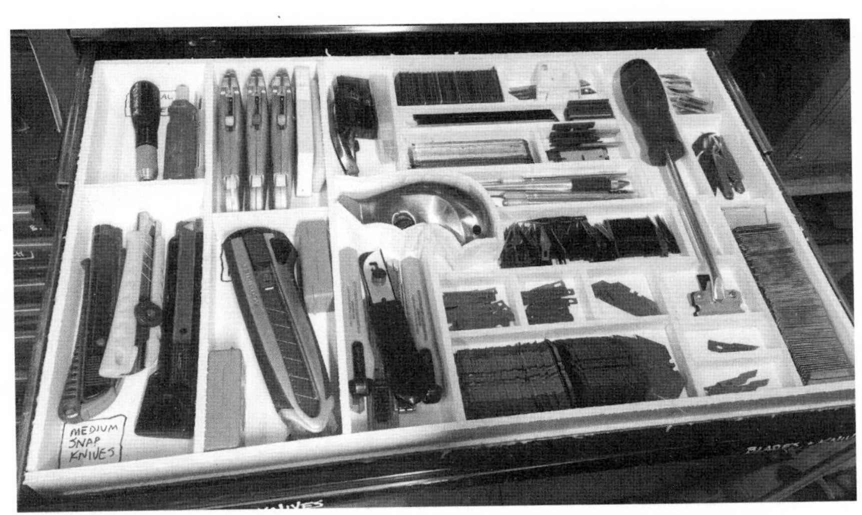

我每次看见这张照片，内心都会无比平静。

我给工作室里的很多抽屉都做了类似的泡沫夹芯隔板，目前还没做完，也不知这辈子能不能做完。这是一个缓慢推进的过程，因为首先我得接受抽屉是有必要的，然后再确定这个抽屉要装什么，接下来才能固定摆放位置。像这样整理抽屉会让我不再记恨它们，能够继续使用它们。因为整理过后，我就能迅速轻松地找到东西，比如某件每月只用一次但非它不可的工具。加入隔板还有助于我盘点库存，以免在最需要的时候东西用光了。最重要的是，自制隔板使我更容易看见抽屉该有（却不在）的东西，进而追踪它们的下落。这就解决了我最重大的问题：总以为弄丢了东西，不得不重复购买。它还有助于我将每种工具中的每一件都充分利用起来。作为一名制造狂人，同一种工具我会收集好几个不同版本。例如，在贴有“尺子”标签的翻盖收纳箱里，可能有三把不同的直角尺。但放进抽屉以后，我只会用其中最好用的那一把，事实上，我常常将多余的送人或装进随身工具箱。这会使整间工作室运作起来更高效。

装钻头、毛刷和记号笔的抽屉。

当然，不是所有人都赞同我对“看似嘈杂”的偏爱。工业光魔特效公司的标准做法是，正式开工前找一张约 1.2 米 × 2.4 米的空桌子，拿牛皮纸盖住桌面，用黑色胶带固定。如此一来，你就有了一张干净整洁的操作台。他们认为，这有助于培养井然有序的操作习惯。工业光魔公司的模型工作室秉承这一原则，而我离职后也秉承这一原则……但只限抽屉。

请别误会，工作室里确实需要抽屉。抽屉适合放小型、专业、多样化的工具和材料，例如刀片、钻头、马克笔、铅笔、铆钉、垫圈、内六角扳手、玻璃、刷子等。只不过，你不能将抽屉视为理所当然，然后随便往里面乱塞东西。因为，如果你是像我一样的人，就不会光是囤东西，同时也希望能找到东西并加以使用。

装内六角扳手的抽屉。

想利用抽屉高效地实现目标，就需要一套收纳体系。起初，我打算做得漂漂亮亮的。刚搬进“洞窟”的时候，我从分类广告网站“克雷格列表”上买了一只约1.3米高的经典裂纹款肯尼迪堆叠式工具箱。这是一款机械师专用工具箱。它们极为昂贵，但还是能找到便宜二手货。但说实话，当时价格对我来说并不重要，因为我真正想要的是给工作室添上一个身份标志。

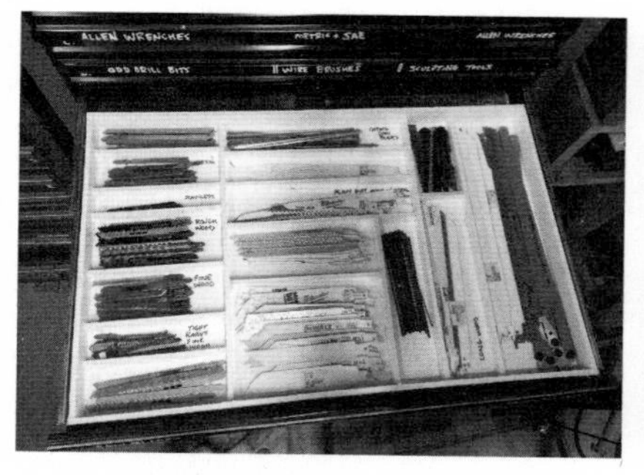

装锯条的抽屉。

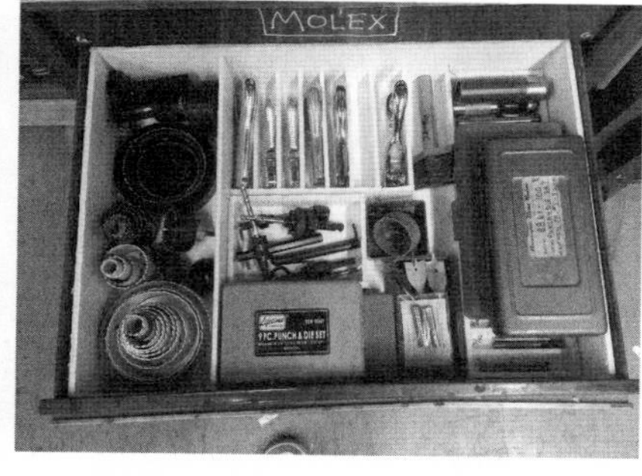

装钻孔工具的抽屉。

我用自己所有的小型手工工具（足有几十件）填满了这个庞然大物，把三层堆叠式工具箱和二十多个造型独特的抽屉塞得满满的。每个抽屉都贴了标签，不少抽屉都有隔板，但这没起到任何帮助。工具多到令我眼花缭乱。那些标签，哪怕是用最大号字体，也小到难以阅读。更重要的是，我一个也看不清。

我给了肯尼迪工具箱四年时间证明自己的价值，但最终只证明了它是“看似嘈杂”的天敌。于是，我不得不放弃了它。在原本放它的地方，我做了一个带滚轮、上下五层、约1.5米高的梯式货架，每个梯级上都钻了二十个孔，孔大到足以容纳肯尼迪工具箱里每件工具的手柄。我是真的把储物抽屉翻了个底朝天，把所有工具都掏了出来。每件工具都各安其位，全都在我眼皮底下，便于迅速查找。这可比绞尽脑汁思索它们放在哪个抽屉里要方便多了。我几乎能瞬间够到你想象出的每一种老虎钳、扳手、镊子、抓取工具、尖嘴钳和切削设备。梯式货架功能性极强，可谓最高级别的“看似嘈杂”。此外，还记得我说过“抽屉乃物品走向消亡之处”吗？从肯尼迪工具箱转移到梯式货架的过程中，我找到了很多原以为弄丢了的工具。从那一大堆抽屉里取东西的过程，再次验证了我对抽屉的种种感受。

摆满工具的梯式货架。后来我又造了六个。我的工具实在太多了。

触手可及：取用便捷

多年来，我的每间工作室，无论是大是小，都是在“看似嘈杂”理念基础之上做的改进。每间工作室都经过渐进式的精心调整，以便适应我的工作风格、步调节奏和对材料的认识。我目前的工作室是“看似嘈杂”的最高级别，梯式货架则是它的缩影。它不仅满足了我“一目了然”的愿望，也满足了我“触手可及”的需求。无论我身处工作室中的哪个位置，都不需要为了拿到某件东西而先挪开别的东西。我称之为“取用便捷”。

如果说“看似嘈杂”说的是工作空间与地点，那么“取用便捷”说的就是工作流程与方式。当然，每个创客的具体情况都不一样。例如，尼克·奥普曼的工作室就没有把“即刻获取物品”摆在第一位。这体现了他身为家具制作师的工作流程，也反映了他对大型木器制造的偏爱。

“工作室的布局和流程始终与它制造的东西有关。”尼克说，“在像我这样的家具作坊里，制造的是类型截然不同的家具和产品。你可以把板材放在卷帘门旁边，便于轻松拿取。接着，你会试着打造一套流程，使木材能从细木工人身边运送过去，送到刨床旁边的工人手里。木材可以轻松转过拐角，然后使用台锯切削。所有打磨机和成型工具都放在同一区域。我有幸拥有两个约148.6平方米的隔间。其中一个隔间放的全是机器，而那也是奇迹发生的地方。我把机器全都聚在一起，这样吸尘打扫效率最高。第二个隔间是组装区，放着所有夹钳和大型胶合桌，以便进行最后的表面处理。我很幸运能拥有这么多空间。在很多作坊里，你通常只有一张工作台，还得实现上述所有功能。”

这话说得太对了！我和尼克很幸运，能为自己开辟出这么多空间。

但如果你在一间典型的作坊里工作，就必须弄清“一张工作台”要怎么“实现上述所有功能”。你该怎么收纳整理？该把哪些功能摆在第一位？这些问题没有所谓的正确答案，但有一个错误答案——最不利于创客的那种布置安排。

事实上，我花了不少时间才弄清这一点。直到21世纪的头几年，跟杰米合作拍摄《流言终结者》几年后，也是我踏上创客生涯整整25年后，我才意识到自己的工作方式跟别人有多不一样。《流言终结者》拍摄之初，我们在杰米的工作室里做了很多搭建工作。当时，我发现整个流程让我精疲力竭。没错，就是精疲力竭，两条腿走不动路的那种。因为，为了拿取各种工具，我每天都要在杰米的工作室里来回走上好几公里。

杰米的工作室可谓充满无限可能的引擎。在那个约464.5平方米的空间里，有你能想象到的所有加工流程：吸塑、制陶、玻璃纤维、焊接、铸造、木工、装配、上漆、喷涂、机械设计、电子动画制作、机器人技术——只有你想不到的，没有它做不了的。就像每间工作室一样，它也有自己的组织理念，而且深受杰米青睐的工作方式影响。他的工作室里有一个焊接室、一个电子器件室、一个木工车间，还有一间喷漆房，每个区域中都摆放着相关工具。例如，木工车间里有个小柜子，专门用来摆放20多把造型各异的锤子。但后来我发现一件事：那是整栋建筑里唯一一个能找到锤子的地方。从理论上说，这似乎没什么问题，但你知道还有哪里会经常用到锤子吗？机械车间，也就是《流言终结者》拍摄期间我通常泡着的地方！在杰米工作室里干活的时候，我每次在机械车间里需要用锤子，都得一路走去木工车间，找到放锤子的小柜子，从里面取出一把，然后再原路返回。

也许在你看来，这似乎没什么大不了的，但在我看来，这违反了我的一大核心理念——取用便捷。我知道，这话从我嘴里说出来似乎有点儿虚伪，毕竟，我自己的工作室看起来就像狂欢节里发生了大爆炸，乱七八糟的玩意儿四处乱溅，好似美国抽象表现主义画家杰克逊·波洛克的画作。不过，工作室看起来的样子并不代表它运作起来的样子。在我看来，杰米工作室的布置很有问题，因为走来走去纯属浪费时间。我在干活的时候，最讨厌的就是浪费时间拿取工具，而不是直接上手使用工具。每当难熬的一天步入尾声，或是沉浸在制造中的时候，我常常被杰米工作室的布置搞得气急败坏，懒得再长途跋涉去木工车间，而是直接抄起身边某件工具，拿它当锤子用——我想补充一句，这么做的效果棒极了。

相比之下，在我的工作室里，不但到处都有带滚轮的梯式货架，还有很多套我时不时会用到的工具。例如，我有三套完整的T型内六角扳手：一套用于车床加工，一套用于铣床加工，还有一套摆在工作室中央的常规工具区。我经常用它们来做拧紧、调整之类的工作，每次操作都能节省一点儿时间。我敢肯定，搁在手边的这三套内六角扳手每年大概能给我省下十到十二个小时。在我看来，买“多余”工具套装花的钱绝对值回票价。

《流言终结者》拍摄之初，我常常气急败坏，大爆粗口地质问杰米，怎么会有人不在常用的地方多放一套锤子？但随着跟杰米渐渐熟悉起来，我意识到自己问错了问题。杰米跟尼克·奥普曼一样是农场主之子，在苹果园里长大，从小就会骑马和开拖拉机。他将“中西部农场主的职业精神”带进了职业生涯。从好的方面来说，我会形容他是“一板一眼”“有条不紊”。他不是不希望工作室里有多余的锤子，只是觉得自己不需要它们。更重要的一点是，我敢肯定，穿过整间工作室去取锤子对杰米来说很有意义。他会充分利用这段时间，边走边思考下一步该怎么做。

自从我意识到，杰米的工作室体现了他从小到大遵循的价值观，就发现自己的工作室也没什么不同。“洞窟”的设计和布局关注的是速度和反复试错，体现了我的意识流工作法。带滚轮的梯式货架反映了“看似嘈杂”的理念，因为它让我把抽屉里的东西统统掏出来，放在能够一目了然的地方。事实上，这是我“取用便捷”理念的终极进化版。从18岁在布鲁克林做“拾荒艺术家”的时候开始，我就一直在朝这个目标前进。

早在给朋友的学生电影帮忙的时候，我就注意到，我每次离开工作室之前，都会将一堆工具顺手倒进身边的某只工具箱，用来随身携带当天会用到的工具。抵达拍摄现场后，有一半的时间，我都是在工具箱里翻来找去，搜寻每项任务所需的工具。我总是埋首于电烤炉那么大的工具箱，试图找出只有锤子那么大的东西。而直到把箱子里所有东西全都倒在桌面上，这番搜寻工作才算大功告成。

我工作室里的杂物堆又大又笨重，但至少是有道理的，因为每一堆都是同一类材料。但这些工具呢？它们只会持续给我带来挫败感。直到有一天，我沿着东村大街溜达，瞥见了一只二手的皮革样品箱，就是旅行推销员随身携带的那种。那只样品箱的独特之处在于，它既宽又深还高——事实上，大多数我经常随身携带的工具都能竖放进去。这让我灵光一现。工具竖放占用的平面空间比平放少，而且显然更方便取用。于是，我立刻跑去工艺品商店，买了一些立式笔盒，然后对笔盒里的隔板做调整，直到它们能装下卡钳、手钳和小型手锯之类的东西。每次拍摄结束，回到家之后，我都会根据当天学到的东西和第二天的需要，重新整理箱子里工具的布局。

离家前往旧金山的时候，我随身带上了那只样品箱。作为一名自由职业者，那只箱子和箱子里的工具就是我的谋生之道。等到它终于变得破烂不堪，不得不找个合适替代品时，有个朋友慷慨地拿他爷爷的老式医药包换了我的康加手鼓。医药包的中央高高鼓起，意味着像样品箱一样，我可以将许多重要工具竖插在隔层两侧，较长的工具则可以平放在任意一侧。

我爷爷是外科医师，所以我对医疗用品和古董有着同样的热爱。医药包既能凭借其美妙的破旧皮革外观以及锈迹讲述故事，也可以用来携带我的工具。我彻底被它迷住了。接下来的几年里，我不断对它加以改进，还做了个复制品。后来，在旧金山湾区的跳蚤市场上，我又买到了一只一模一样的医药包，而且迅速把它也填满了。

差不多是在同一时期，我被工业光魔特效公司录用了。正式入职的头一天，我拎着塞得满满的两只医药包"隆重登场"，给大家留下了深刻的印象。后来，我一直被称为"那个拎疯狂工具箱，干活速度飞快的家伙"。但根据我第一任上司迈克尔·林奇的说法，我干活的速度还不够快。他说我花了太多时间弯腰取工具，建议我把包放在剪叉式升降机上。这简直是天才之举（我就知道，《星球大战》系列电影绝不是唯一，这是我这么想进工业光魔公司的原因）！那天下班回家后，我花了一整夜时间做了两座滚动剪叉式升降平台。事实上，那天晚上我前后做了两遍，因为第一对成品不堪重负，被两只沉甸甸的医药包压塌了。

我很喜欢这两件新发明，但直到那时，我还没考虑过皮革医药包的承重极限，也没意识到它们很快就要突破极限了。数百件手工工具的总

用一整页照片来展示我存放的胶带似乎有点儿离谱，但事实上，胶带困扰了我很多年。我花了20年时间寻找存放成卷胶带的最佳方式，直到2017年初才找到答案。当时我在剧院工作，为巡回演出奔忙。我发现，道具管理员把数10卷胶带存放在架子上，平放！我迅速做了一番心算，发现这确实是存放胶带最有效的方法。所有胶带一目了然，而且可以在不影响其他东西的情况下取出任意一卷。这一发现打破了我对胶带的固有思维：由于每卷胶带中间都有个大洞，你会忍不住把它挂到绕线轴上，以为这样取用起来会更方便。胶带几乎是在对你大喊："快把我插在棍子上！"但这么做简直是疯了。如果你屈从于诱惑，它就会成为你的主宰。因为，如果你要用一卷约1.27厘米宽的粉色胶带，但它被穿在了正中间，你就得先从绕线轴上取下几斤重的胶带，然后才能拿到想要的那一卷。接下来，你还得把所有胶带放回原处。这个解决方案并不怎么样，完全是锻炼肩膀嘛！看见道具管理者是怎么存放胶带的之后，我迅速画了一幅草图，免得自己转头就忘了。结束巡回演出回家后，我做的第一件事就是造了这个架子。没错，我知道我的胶带实在是多得离谱。

重量，加上固定在包底部、带滚轮的剪式升降机限制了皮革的延展性，导致医药包渐渐不堪重负。不幸的是，我再爱它们优雅的外观和厚重的历史，也没法跟物理法则作对。面对我提出的众多要求，它们机械设计方面的局限性终于暴露了出来。

某个周五下午，医药包上的一只把手终于裂开了。在那之后，我钻进位于教会区的工作室，用了整整一个周末的时间，用铝板和波普空心铆钉从零开始做新的医药包。整个过程花了30个小时，用了700多颗铆钉。但在周一早晨，我得意扬扬地走进工业光魔公司时，感觉就像创客界的摩西拎着两只装有“创意契约”的铝箱走下山顶。好吧，这么形容也许有点夸张了，但感觉绝对是酷毙了。

这只是我工具箱的第一次迭代。后来，我不断改进它们。每当我学到更好的工艺或全新的技巧，或是从工业光魔公司的某位艺术家那里获得新工具，我都会纳入自己的技能库。如果合适的话，也会加入我的工具箱。因此，它们一直没有真正“完工”。就像梯式货架和“洞窟”本身一样，它们始终处于改进过程之中。

退后一小步，前进一大步

令人惊讶的是，在问自己“为什么我需要像这样摆放工具”之前，我的工具箱已经达到了极高的发展水平。我从来没有退后一步仔细打量它们，然后去想“鉴于空间有限，怎么摆放工具最好”。我整天忙着制造东西，没有时间去做这样的思考。我只是根据直觉调整布置，使工作室布局更符合自己的工作习惯。如果周一的摆放方式用着不顺手，周二我就会做些改动；如果周二的摆放方式影响了工作，周三我就会再次进行调整。

每位创客的工作室都会经历这个过程，前提是他们真的用心，试图变得更好。这是一个渐进的过程，既体现了你对制造和进化的看法，也反映了你的工作方式。不过，“进化”存在一个问题：它其实并不是渐进的——是的，它会缓慢推进一段时间，但随后会发生某件大事，产生某些突破性进展，出现肉眼可见的巨大飞跃。

为了兼具美观与实用，我抛弃了绕线轴（我称之为“魔鬼的翻转式烤肉架”）。除了将胶带平放，我还把电线分别绕好，摆在独立的倾斜式货架上。

身为一名创客，早在我制作铝制医药包和加装带滚轮的升降台时，就体验过了这样的飞跃。我意识到，工作室里每样东西都反映了我的制造理念。我最常用、最喜欢的东西，安置摆放的方式都便于查看和取用，而且存放在我为追求速度和便捷性而购买或制造的东西里。我最少使用、最让我抓狂的玩意儿，往往是会降低我工作速度的东西。这一顿悟使我的创造意识有了飞跃，促使我试着将“让我抓狂的玩意儿”变成“令我着迷的物件”。

我开始花时间反思自己的工作，记录自己使用东西的规律，观察自己拿取工具的方式和使用频率。我一直在寻找调整工作室布局的方法，以便提高工作效率，也就是提升“一目了然”和“触手可及”的程度。事实上，我每天做的事有1/5都是对物件的摆放布局进行微调——一件一件，一点一点，逐个架子，逐个抽屉。

就像拍摄这些照片用的手持式数码相机一样……

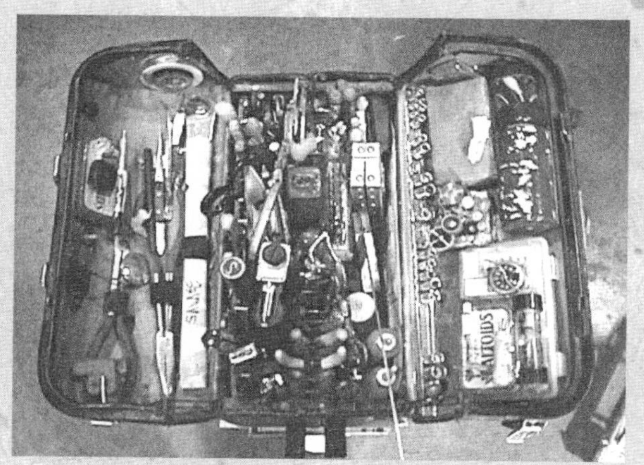

……我的“医药包”的设计和用途也随时间推移不断演变。

你几乎可以用这两只工具箱做任何事……

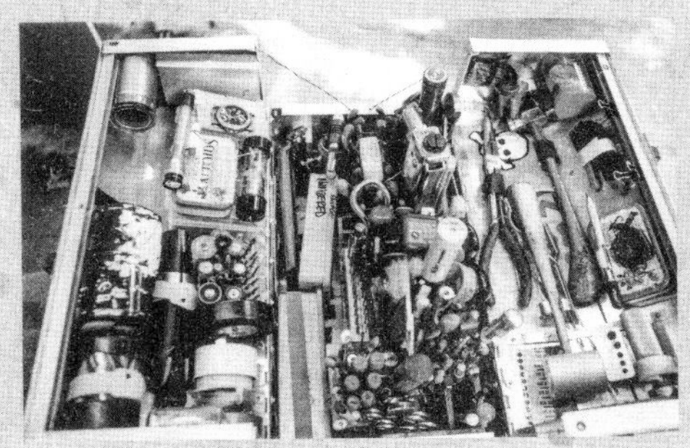

……除了让它们通过美国联邦运输安全管理局（TSA）的安检。

“看似嘈杂”和“取用便捷”是我自己编的说法，目的是将理念传递给合作者、团队成员乃至我自己。这两个说法并不是金科玉律。你的理念只能也只该属于你自己。你对重大问题的答案可能跟别人不一样。也许像尼克·奥普曼一样，当一切顺其自然推进时，你工作起来最得心应手；或者像杰米一样，当一切按部就班进行时，你的头脑最具创意，双手最有效率。

又或许，你跟我们都不一样。请不要停下脚步，请继续思考最具创意、最有效率的改进方式，然后拍照发给我吧！因为我一直在寻找更好（也更快）的布置方法。

第十一章

硬纸板

尽管我制造的东西只有少数几类，比如电影道具复制品和角色扮演服装，但我的工作室“洞窟”里堆满了各种各样的工具、工艺和材料。其中包括适合切削各类材料的锯子，以及适合制作各类戏服的布料。

就像对项目的选择一样，我对材料也有一定的偏好。尽管我也喜欢加工如皮革、玻璃纤维、亚克力这样的特殊材料，但最喜欢的还是用途清晰、局限性明确的普通材料。它们允许我犯错，并通过犯错学习使用更为复杂的材料。毕竟，拿手表和钱包反复试错可不是什么好事。

在我所在的领域中，硬纸板是当之无愧的王者，也是制造界的入门材料。

硬纸板用途广泛，价格低廉，易于获取，方便使用。它们内部有一多半都是空气，既轻巧又结实，可以轻松切削，还可以用各种东西连接起来，从美纹纸胶带到纸铆钉，从热熔胶到PVA胶、家用万能胶、接触型胶等。这使得硬纸板成了探索各类材料的绝佳训练场。而且，一旦你能用硬纸板造出各式物品，也就了解了缝纫、木工、焊接等基本知识。因为，不管是用皮革、木材、金属片还是用硬纸板造东西，工艺流程都是相同的，也就是在特定规则和条件下将平面连接起来。

例如，对板材与玻璃纤维进行层压加工，就可以用来制造飞机。在电影业中，它通常用于制作全尺寸模型，手忙脚乱的快速搭建，包括巨大的布景和手工道具。为了对自己的设计作品有真切的感受，我常常用硬纸板做出全尺寸模型，以便降低将复杂创意化为实物的风险，也就是在“构思并绘图”和“制造并组装”之间找个中间地带。

从我大约十一二岁时开始，我就一直在探索自己的“隐秘激情”，用硬纸板将自己的创意化为实物。有一天，在放学回家的路上，我发现了一个被人丢弃的冰箱包装箱。它几乎有我两倍那么大，宽阔的硬纸板底下蕴藏着无限可能。于是，我花了一个多小时把它拽回家，整个过程充满了坎坷。半路上，我碰到了校园小霸王彼得。他看出我在做一件对我来说很重要的事。对恶霸来说，那就像公牛看见了红斗篷。于是，他决定拦下我。

我并不是一个勇敢的斗士。在此之前，我只跟人打过一架，而且输得很惨。况且，我也非常讨厌跟人发生冲突。不过，这并不意味着我不会坚持立场。彼得摆出了恶霸的派头，也就是宣称别人找到的东西其实是他的，仿佛整个宇宙都属于他似的。他一口咬定那是他的冰箱包装箱，而我拒不认可。于是，他冲到我面前来，气势汹汹地强调了一遍。我下意识推开了他，维护自己对纸盒的所有权，毕竟我刚刚花了半小时把它拽过来的。彼得的反应是大喊："我可没动！我可没动！"就像物理定律突然不起作用了似的。我推开他的时候，他不但身体动了，还给我让了路。我一厢情愿地认为，是我彰显的坚毅和勇气让他对我刮目相看。但更说得通的理由是，他意识到，为了一个大纸盒跟人推推搡搡，或许并不能彰显恶霸的派头。

好不容易把"战利品"拖回家后，我得意扬扬地把它摆在门廊前面，边摆边想该拿它做些什么。无数可能性在我眼前铺开！我想，这就是为什么孩子和创客最喜欢硬纸板——当然，或许亚马逊网站的创始人杰夫·贝索斯除外。因为这种简简单单、易于获取、结构精巧的材料提供了无限多的选择。在孩子眼中，纸盒可以化身为汽车、庇护所、逃生工具，也可以变成智慧超群的智能助手、玩伴或电影《星球大战》中的超级武器"死星"。至于我刚刚找到的那个纸盒，则变成了一艘太空飞船。

我的朋友，卡罗双胞胎兄弟，正在制作一部《超级8》太空电影。我提起那个大纸盒后，我们三人当即一拍即合，动手把它做成了实实在在的飞船驾驶舱。我们连续拍摄了好几天，电影拍完后，我就有了一座飞船驾驶舱！我把它安置在爸妈家客卧的壁橱里，在驾驶舱“舷窗”前方留出了大约60厘米的空间，并（未经允许！）将那一部分墙面漆成了黑色，拿白色丙烯颜料画上星空，又挂上了前一年的圣诞彩灯。关上壁橱门后，我就置身于自己制造的超酷太空飞船之中了！

两年后，也是在用硬纸板造东西的时候，我第一次体会到了这种深邃的宁静感。当时我无法解释那种体会，只能跟着感觉走。多年后，我才了解到心理学家常常称之为“置身海洋般的体验”，也就是与宇宙融为一体的感觉。我当时大约14岁，之前已经做过一大堆硬纸板模型，这回我决定做个大项目——拿另一个我大老远拖回家的冰箱包装箱做个硬纸板人。

我没法解释为什么要做它，但在制作过程中，我体会到了一种特别的感觉，就像触碰到了某个宏大事物的表层。那种感觉令人陶醉，瞬间便让我为之着迷。它既不是狂喜，也不是恐惧。我只能这么形容：既无限少，同时又无处不在。就像我既是屋里最渺小的东西，同时又是屋子本身（我保证，我绝对没有喝高）。那是两种既矛盾又相容的状态，两者之间充满张力与活力。

我还清楚地记得，硬纸板人完工后，我走进厨房对妈妈说：“妈妈，我想告诉你，1981年9月的这一天，我真的好开心。”

同一年，当我还沉浸在“置身海洋般的体验”中时，美术老师本顿先生布置了作业，让我们用瓦楞纸板随便做点什么。在此之前，我已经用普通硬纸板做过好些大物件了。回家后，我兴奋地把作业要求告诉了老爸。他带我去了怀特普莱恩斯当地的工艺品商店，郑重其事地给我买了十块完美的0.9米 × 1.2米的瓦楞纸板。

为什么我决定做一个大胡子、穿西装的成年男人，还把他摆在前门廊上？这个问题我至今无法回答。

这些崭新的硬纸板对我来说完全是新鲜事物。它们宽阔、无瑕的表面激发了我的灵感，让我爱不释手，远远超过我曾用来制作飞船和纸板人的旧冰箱包装箱。作业要求是做一件东西，我则一口气做了八九件，怎么也停不下来。我做了一个MTV（当时刚刚登上卫星电视的全新音乐台）台标，还有一把实物大小的电贝斯，带有4根麻线制成的琴弦。此外，我还做了一个电唱机转盘，边缘用硬纸板外层包裹，让它看起来像被涂成褐色的电唱盘。至今我还能回想起自己一次又一次地投入到材料中的狂热，我不停地做新东西，直到困得不得不上床睡觉。

这是我第一次清楚地意识到，硬纸板这种简单、廉价、随处可见、用途广泛的材料能带来无限可能。它为我提供了有意义的体验、无限的创意和真正的喜悦，也为我步入制造生涯奠定了基础。在加工硬纸板过程中汲取的经验教训，有助于我将新方法、新材料纳入自己的技能库。它使我能够构思、解决问题、交流创意，还满足了我“随时随地造东西”的需求。

全尺寸模型与创意交流

作为创客，我们擅长将复杂的概念和创意记在脑子里，我们有自己的心理速记法。当我们为自己的项目工作时，这不成问题。但是，当我们为别人工作或与别人合作时，这种喜欢“默记在心”的偏好则会导致项目的很多基本要素难以言传。因为我们会下意识地认为，有些知识大家应该早就知道了。但请记住一点：有些知识普通人并不容易接触，也不容易理解。

在我的职业生涯中，我曾与各种各样的客户和合作者并肩工作，包括与我相同或比我更专业的创客。当我们讨论一个项目时，他们能深刻理解我在说什么；而有些客户，就算你往他们两只手里各放一块木头，木头上涂满胶水，叫他们把手合拢，他们也没法把两块木头粘起来。创客的一项重要技能就是将想法传达给客户和合作者。否则，你的项目可能永远无法落地。

弥合鸿沟的最佳方式其实与交流无关，至少与语言交流无关。制造三维物体的时候，仅用语言和手势来表现复杂的形状（通常甚至是简单的形状）很难，也很荒唐。就像写一本包含大纲和草稿（很多版草稿）的书，草稿要经过精心打磨，才能形成最终稿。制造东西通常也包括几个部分，首先是弄清大体细节的初始阶段，然后才是打磨小细节的最终制造阶段。硬纸板这种材料门槛极低，可以让初始阶段的创意讨论变得更加容易且完整。

电影《终结者3》的微缩场景，完工时间是在我和杰米为《流言终结者》拍摄试播集之后，节目第一集首播之前。

我很久以前就了解到，开工的最佳方式是制作粗略的全尺寸模型。对我来说，全尺寸模型是极为重要的工具，与客户及合作者交流时必不可少。它便于对方一睹我打算为他们搭建的东西的大小、形状、规模和比例。多年来，我主要从事模型制作相关工作，硬纸板无疑是制作全尺寸模型的首选材料，电影中的特效连续镜头尤其如此。在搭建和拍摄真正的模型之前，科幻和奇幻大片的导演会要求先制作全尺寸的大型微缩场景（在为《指环王》系列电影制作了极为庞大的微缩场景后，理查德·泰勒和我们在维塔工作室的朋友将其称之为“超大模型”）。

冯·戴维斯在运动控制台上调整场景模型，为拍摄做好准备。

我搭建过很多这样的全尺寸硬纸板模型，包括为电影《终结者3》制作的一个场景：影片中的一名角色要穿过一面玻璃幕墙，墙的另一侧是粒子加速器入口。在拍摄约1.8米宽，2.4米长的微缩场景之前，我和朋友冯·戴维斯花了两天半时间，快速搭建了一个用于拍摄的等比例缩小模型。七周后，我们搭建出了用于实际拍摄的场景。那个美轮美奂的场景是我进入《流言终结者》前在工业光魔公司完成的最后一项工作。

制作全尺寸硬纸板模型有双重目的：一是让电影摄制组大致了解他们要拍摄的东西，以及摄制过程中可能出现的各类问题——别扭的拍摄角度、有限的机位移动，等等；二是给模型制作师一个快捷的方法，让他们去感受正在从事的工作——解决小问题，以免它们在制作过程中成为大问题；与自己团队中的众多成员沟通他们将要从事的工作，以及它将如何融入全局。要是我在加入工业光魔公司之初，就对自己的工作目标有大体了解，会更容易忍受那些枯燥乏味的工作，例如剪切并粘贴一千块完全相同的航天飞机外层隔热板，或是蚀刻运载火箭发射架上整整十二层旋转楼梯。

建筑模型与结构问题

我和太太买下第一套房子之后，做的第一件事就是测量每个房间的尺寸，为整栋房子和它所在的地段（包括我们的后院）做了一个比例为 1 ∶ 24 的硬纸板模型。我这么做的主要目的是了解新房，通过制作等比例缩小模型，鸟瞰自己的住处，我将房屋布局映入了脑海，也融入了身体。它教给了我许多通过其他途径学不到的东西。例如，我在二楼壁橱背后找了个闲置空间，将采暖通风与空调系统移到了更好的位置。此外，等比例缩小模型也是个宝贵资源，方便我们跟庭院设计师讨论树要种在哪里，跟建筑师讨论在屋后建个露台，也便于我们夫妻俩讨论该如何摆放众多家具（我还用硬纸板给大多数家具制作了等比例缩小模型，它们也很有帮助）。

若干年后，我们买下第二套房子，又搬了一次家。这一回，我做的第一件事还是制作建筑模型，它不但逗乐了我们请来装修底楼的建筑师，也给他留下了深刻印象。它成了我们讨论装修方案时必不可少的工具。

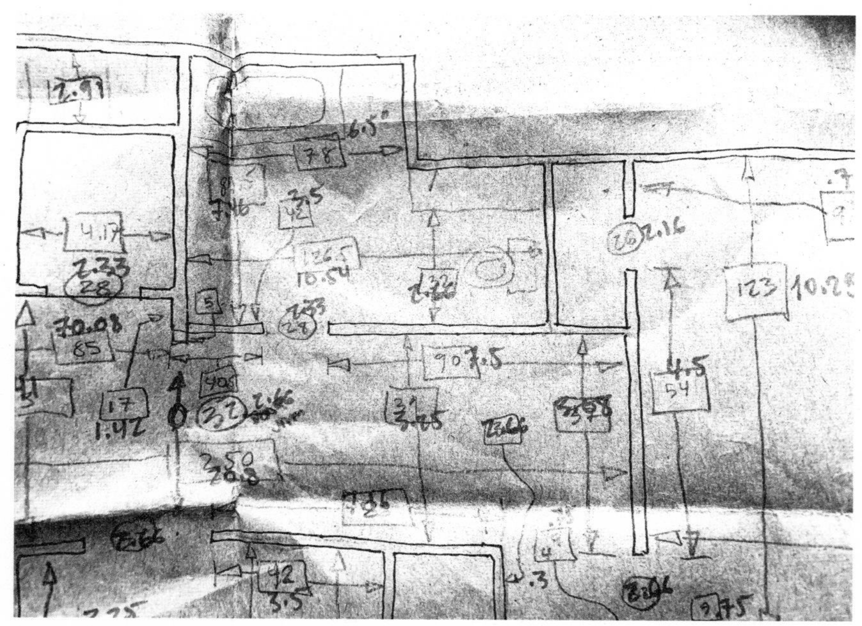

这张图纸的比例尺是1 ∶ 12，也称为“娃娃屋比例”。这个比例尺比较大，但按照它制作整栋房子会很难驾驭。因此，我通常会按1 ∶ 12的比例制作各个房间，按1 ∶ 24的比例制作整层楼。

为你的生活或办公空间制作硬纸板模型，其实是件非常有趣的事。它让你能从奇妙的角度观察自己所处的位置，而且做起来也不难。我通常会先找个纸袋或找张牛皮纸，在上面画出整个空间的大致平面图，用双箭头标出需要测量的地方，再在箭头中间画个小方框。如此一来，我就能轻松看出有没有遗漏某个测量数据。

接下来，我会走遍整栋房子，填满纸上的每个方框，直到集齐所有基本测量数据（以英寸为单位）。那些数据能回答关于空间本身的功能性问题：门离墙壁末端有多远？每扇窗户的间距是多少？有了实际测量数据后，就可以转换成要用的比例尺了。我会一个方框接一个方框往下算，除以要缩小的比例（通常是12），然后用红笔写上新数字，跟此时已模糊不清的其他数字做区分。

接下来，我要做的是找一块硬纸板，以适当比例尺画出房屋平面图，在周边留出一圈空白，这是为了给模型一些移动空间，同时也留出造墙的缓冲区，因为大多数平面图都没有考虑墙壁的实际厚度。接下来，我会将硬纸板剪成一条一条，每条的宽度就是缩小后的墙壁高度，最后再用热熔胶将它们拼装起来。

我前前后后做过很多房屋模型，如今只需3个小时就能做出一整层楼。如果你要制作这样的等比例缩小模型，可能需要多花一点时间。不过，我还是建议你试试看。你会惊讶地发现，凭借自己的头脑和双手制作模型后，你对自家空间的了解会大大加深。你还会吃惊地发现，装修或做决策时省下的时间，都是房屋模型所带来的。

拍摄《流言终结者》的时候，有好几集都用到了加利福尼亚州圣罗莎一座约15米高的消防塔。我用瓦楞纸板做出了它的建筑模型，这样我和杰米就能在上面做试验了。每次涉及将某些东西焊接到塔顶时，那个模型都会被投入使用。因为，掰弯铁丝衣架并粘在硬纸板上，模拟我们需要的钢架，可比背负重型装备，远赴圣罗莎，爬上五层楼高的铁塔容易多了。

这体现的不光是等比例缩小模型的价值，还有轻巧耐用的多功能材料（例如硬纸板）的价值。顺便说一句，既然提到了廉价易得的材料，不起眼的铁丝衣架同样值得关注。我爱铁丝衣架，乃至我整理的每个求生背包里都放了几个铁丝衣架！多年来，我用它们撬过上锁的车门，给后背挠痒痒，还制作过无数个等比例缩小模型。我拿它们做过陀螺，也做过结实耐用的服饰配件。

铁丝衣架所用的铁丝堪称完美。它们硬度够大，足以进行机械加工，又足够柔软，随便用什么工具都能轻松切割。它们非常容易弯曲，又能保持形状，而且随处可见。在日常生活中，铁丝衣架总是触手可及。在工作室里，我甚至给造衣架用的铁丝专门留出了一整个货架。那个货架每周都会被我拽到工作台边，那些铁丝则会被我赋予不同的用途。

道具与服装制作

我的朋友马克斯·兰迪斯是一名编剧兼执行制片人。他问我，想不想为他制作的一部新剧造一款功能齐全的武器。那部剧是根据英国科幻作家道格拉斯·亚当斯的小说《全能侦探社》改编的。他在寻找一款蒸汽朋克风格的武器，最好是弩弓与电击枪的混合体，好契合整部剧的画风。当然，这正中我的下怀。我最初的计划是用硬纸板制作原型样机，但像科幻风格的武器需要圆滑的边缘。这就意味着，我不得不采用另一种我喜爱的轻质多功能材料——泡沫板。我花了整整一天的时间，对许多块泡沫板进行切削与雕刻，做成武器的各个部件，包括弩弓、手柄、扳机护环和枪柄。我标出了制造每个部件所需的材料，等马克斯将原型样机交给美工部门，就可以依葫芦画瓢造出来了。

从理论上说，用我建议马克斯使用的材料，我完全可以亲手做出整件武器。但如此一来，要花很多时间才能做到完美。因为我不但要采购材料，还要拿它们做测试，弄清怎样将它们拼接起来。原型样机的制造过程就是反复试错，创客的心情会像坐过山车一样大起大落，而且要花很多钱。那不是我们两个人想要的。我可以大言不惭地说，泡沫板样机对马克斯来说会是个超棒的道具。他可以委托自己的团队进行制造，我则很高兴能为朋友创造一款既能射箭又能发射激光的武器！

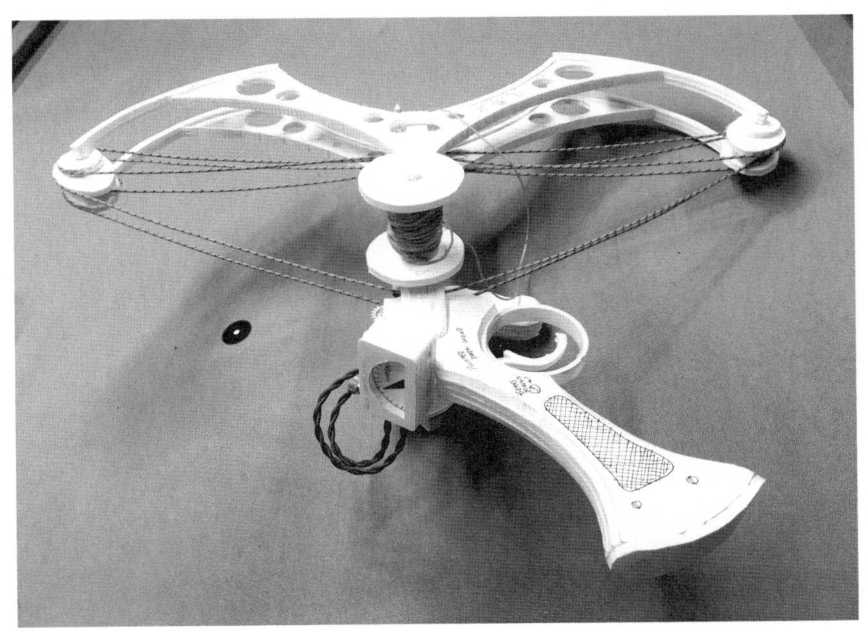

除了影视道具，我最早的角色扮演服装也是用硬纸板、泡沫板等简单材料制作的。还记得我高二那年的万圣节，我用铝板和波普空心铆钉做的《黑暗时代》里的骑士盔甲吗？那其实是第二代盔甲。第一代是两年前，当时我完全用瓦楞纸板制作了一套盔甲和一匹马。

在当时的条件下，作为一个14岁的孩子，硬纸板是首选材料，因为它也是我唯一的选择。如今，我可以用我想用的任何材料制作盔甲。在这一点上，其他人就没我这么走运了。但幸运的是，在过去几年中，数字技术的发展引发了角色扮演界的革命，为创客和装扮者们打开了“用有限手段实现无限创意”的大门。

有一款叫作“纸艺大师”的软件能将3D图纸“展开”，化为适合打印的模板，打印在平铺的标准复印纸上。这些模板通常用于切割EVA泡沫材料（例如露营垫），但也可以轻松转印到硬纸板上，而且效果惊人。这是亲身参与角色扮演的好方法，同时还能获得服装设计与制作的宝贵经验。如果你想了解平面图形如何组成各种立体形状，没有比“用廉价材料，按模板制作”更好的方法了。

为王者加冕

制造的关键在于，弄清物体各个部分是怎样组合起来的。对像我这样的创客（道具、变装或实拍模型等较大物体的创客）来说，硬纸板是当之无愧的王者。它们廉价又好用，便于你加深对物体的理解。你只要拿上美工刀和热熔胶枪，就能轻轻松松将自己的设计化为实物，体会它拿在手里的感觉、它与其他物体的关系，以及实际制作和组装时可能遇到的问题。

不过，也许硬纸板并不适合你，也许它并不是你造物的最佳材料。没关系，你只需要弄清哪种材料最适合你做试验、将创意化为全尺寸模型、设计原型样品，即使犯错也不会耗费太多时间、金钱或动力。

对于艺术家汤姆·萨克斯来说，这种材料就是他所谓的“神圣的垃圾”，它们是先前项目或当前项目初期遗留下来的碎片，是实际成品的副产品。汤姆对我形容说：“它们可以说是某种‘负片’，与你制造的物品恰恰相反。所以说，你早已拥有模板，早已拥有与你想要制造的物品完全契合的东西，而它可能正是你需要的。例如，如果你在制作垫片，不小心裁得太小，你早就拥有扩大它所需的材料了。”

在汤姆看来，更妙的一点是，在拿自己脑海中其他创意（截然不同，但又有所关联）做试验的时候，“神圣的垃圾”通常带有先前创意的印记。“它们是先前项目的残留部分，也许你自己都不记得那些项目了，”汤姆说，“但你有铅笔留下的痕迹，有拧进其中的螺钉，也许还有钉孔；或者一侧有加工的痕迹，另一侧有切割的痕迹；也许上了漆，也许没有……它们看似随机，但都展示了你的真实经历。换句话说，这些东西拥有过往。它们不是新材料，而是有自己的灵魂和历史。”在试验其他创意的时候，他可以从过往历史中汲取经验。

对于作家安德鲁·斯坦顿来说，他用的“硬纸板”就是笔记本电脑。在笔记本电脑问世之前，安德鲁从来没有真正考虑过以写作为生。在皮克斯工作室的头几年，他大部分时间都在制作动画，设计分镜脚本，主要从事制作方面的工作。但当皮克斯获准撰写并制作自己的电影时，乔斯·韦登[1]向他展示了电影编剧其实就是“电影式的口述”的观念。他弄清了如何在笔记本电脑上做到这一点，也就是将脑海中上演的画面转译为页面上的文字。

“好吧，这个我能做到。从小时候起，我脑子里就在上映电影。”安德鲁告诉我，“另一个帮我渡过难关的是笔记本电脑的问世。我突然不害怕在文字处理机上写东西了。因为那就像做雕塑，说白了就是，我把废话打到屏幕上，然后删删减减，剪切粘贴。整个过程可以是乱糟糟

1 译者注：乔斯·韦登，美国编剧、导演、制作人、演员、漫画作家，先后参与《玩具总动员》《异形4》等片的编剧工作，并于1996年凭借《玩具总动员》获得奥斯卡最佳原创剧本奖。

的，它允许我乱来，稍后再完善。可能是因为我的成长经历吧，我至今还认为，如果用实实在在的纸笔来写，就必须写得像散文一样，工工整整，漂漂亮亮。这让我不寒而栗。而笔记本电脑让我意识到，哦，随便乱写也没关系。”

你打算通过哪种材料来了解你想掌握的技能和想制造的物品？硬纸板？平纹细布？生肉？废木料？再生打印纸的背面？文字处理机？用什么都没关系，只要它允许你乱来，促使你沿着制造之路继续前进。

第十二章

刀剪锤

人类制造了工具。我们是探索者、创新者和发明者，而这些身份源于使用工具。我认为，锤子肯定是人类最先创造的工具——用石头把东西砸开；或是将木桩砸进地里；挥舞起来就能获取晚餐；或是征服敌人。锤子可以说是终极工具！跟原始人类差不多，制造界的新人最初用的也是一套初级工具，只能完成最基本的创造任务：一把锤子（这个当然要有）、一套螺丝起子、几把剪刀、一些夹钳，也许还有一把扳手和某些切削设备。几乎每个试图制造东西的人都拥有上述工具。随着经验越来越丰富，我们会寻找比现有工具更好的工具，以及有助于学习新技能（全新的切削与组装方式）的新工具。

跨过这个基本阶段之后，增加工具时就需要进行多重考虑，包括可靠性、成本、空间、时间、可维修性、技能、需求，等等。

上述选择绝非小事，因为工具是双手和头脑的延伸。最优秀的工具会根据你的使用方式，通过“磨合”来适应你的双手，你经常抓取的位置会变得光滑。它们通过“包浆”讲述自己的用途。一个装满你熟悉且喜爱的工具的工具箱，是一件美妙绝伦的物品。

但怎么才能走到这一步？如何开始打造这样的收藏？这是我经常被问到的几个问题。初出茅庐的演员痴迷“流程”，初出茅庐的作家痴迷“套路”，初出茅庐的创客则痴迷工具。每个人都以为真正的关键在于制造方法，而不是制造这一行为本身。这就像参加面试的时候更担心自己的穿着打扮，而不是关注如何回答问题一样。

实际上，选择工具既没你想象的那么重要，又比想象中重要得多。之所以说它“没那么重要”，是因为从某种程度上说，使用工具完全是主观行为，也就意味着不存在所谓的“正确方式”。而之所以说它“比想象中重要得多”，则是因为对任何工作来说，最好的工具就是你最熟悉的工具，是你了如指掌、用起来随心所欲的工具。当然，对我来说，用起来最顺手的是莱泽曼多功能工具钳，这就是为什么我称之为“我的第三只手”。不管做什么事，我都会用到它——从拧紧抽屉把手，到剪指甲旁边的倒刺；从把门上的铰链敲回原位，到从抠掉粘在鞋底的口香糖。

关于如何选择和使用工具，我从马克·巴克身上学到了很多。马克是我在工业光魔特效公司工作时的同事，也是我在那时结交的朋友。他亲切的圆脸上留着山羊胡，遮掩了聪明的头脑和出色的制造技巧。他讨厌蠢人，热爱工具。如果他经过你的工作台，发现你花了太多时间埋首工具箱找东西，就会像个功夫大师一样，郑重其事地告诫你：“记住，所有工具都是锤子。”[1]他的意思是，每件工具都可以发挥非既定的作用，包括进行最基本的操作，例如当作锤子敲东西。他的另一层意思是，除非你学会让工具超出原本的用途，否则就算不上真正的创客。这话可谓真理，我百分之百赞同。

我的目标是继承马克的衣钵，帮你熟悉自己的工具，同时提供一些指导，让你随着经验的累积不断完善工具收藏。这件事并不复杂，但需要深思熟虑、谨慎行事，免得像我年轻时那样在地板上堆满垃圾。关键在于，要意识到自己的技能培养处于哪个阶段，以及你对特定工具和特定技能的使用，然后根据上述情况进行购买。

从便宜货入手

像大多数雄心勃勃的创客一样，我刚入行的时候，用的是老爸工作

1 尽管大多数产品说明书都会反对马克的建议，但他的智慧之言足以让我铭记20年，并最终成为本书的书名。

室淘汰的工具和自己在纽约寻觅到的便宜家伙。职业生涯初期，我穷得叮当响，只用得起那些破玩意。我怀疑，大多数创客在入行之初也都差不多。靠着那些大杂烩，我熬过了一段时间——说实话，那段时间要比我预计的长得多。但在曼哈顿的特效工作室和旧金山的剧院找到真正的工作后，我不得不开始收集更称手的工具。

我的问题不在于做选择。几乎每种你可能想要的工具，市面上都有无数种选择。问题在于，好工具要花很多钱，而没有什么能比花数百美元买一件永远用不到的工具更糟糕的了——那完全是拿钱打水漂。因此，在填充工具箱的时候，你要做的第一件事，就是弄清自己是不是真的需要某件东西。无论你想添置的是一套螺丝起子还是一把往复锯，请买你能找到的最便宜的那一款。别只关注销售工具的在线商城“港口货运工具”（Harbor Freight）这样的折扣供应商，不妨看看分类广告网站“克雷格列表”，逛逛车库旧货大甩卖，找朋友或当地的创客组织借用，或是问爸妈要一些他们淘汰的工具。在拥有了你认为需要的新工具之后，请花一点时间通过实际使用熟悉它们。我甚至会将某些工具完全拆开，以便达到从内而外的深入了解。借助这个机会，我会给它们清洗、上油并做调试。如果你不熟悉某件工具或使用技巧，像这样去加深对它们的了解是非常重要的，因为你确实会需要用到它。如果你害怕它，就不会想用它，那拥有它还有什么意义呢？

熟悉完新工具之后，就该动手使用了。对于一些人来说，新鲜感能刺激他们找到使用新工具的理由；至于另一些人，则不会自发地想到将新工具纳入原有的加工流程。如果你属于后一种人，那么熟悉新工具的唯一方式就是故意先用它们，把它们凌驾于自己的常规加工流程之上。如果就连这样也行不通，新工具还是无法纳入加工流程，那或许意味着你并不需要它。没关系，反正也没造成伤害，就犯不着追究了。就算往坏了说，你也不过是花了点小钱做试验。但如果事实证明，那件工具确实必不可少，能天衣无缝地融入你原有的工作，那你就是撞了大运了，而你的工具箱也能增添一名新成员。

购入高档工具

由于我的工作是为电影制作模型，各类工具算是职业开销，也是专业必需品。这份工作追求快速高效，所以无论是什么，只要能帮我更好地完成工作，就值得花钱购入。我给自己定的规矩是，如果一年内需要使用某种工具超过3次，就值得花钱买一件趁手好用的。

不过，我一开始总是买便宜货，一方面是为了省钱，另一方面是因为我发现这有助于寻找更好的款式。如果你从来没有亲手使用过某件工具，别人写的产品评论对你的帮助会很有限。你需要把它握在手里，实实在在地使用它，只有亲手用过，才能知道它适不适合你。如果用下来感觉不错，你决定买一件质量更好的，才能知道你要找的是什么、你最重视哪些功能、哪些方面你并不在意。做一个明智的消费者。

当我就职于工业光魔特效公司，用铝板和波普空心铆钉重制老式医药包的时候，在那之前还没有同时用过大量铆钉。所以，我不太会用花哨的铆钉枪，而是用了一把老式的铆钉锤。它的效果相当不错，只有一个小问题：敲铆钉会给肉体造成负担，那玩意儿差点把我两只手弄残。每只工具箱都需要敲三百多颗铆钉，而我下定决心在第二天之前全部搞定。

这意味着我要在十二个小时内敲至少六百颗铆钉。

第二天早上，我拎着两只漂亮的工具箱，昂首阔步地迈进公司大门，它们引发的关注大大满足了我的虚荣心。可后来，我想拿起铅笔，列出当天的待办清单，才发现不对劲儿——我压根握不住笔，连一秒钟都坚持不下来。头天晚上连续不断地敲铆钉基本废了我的手。我跟一位同事吐槽了这件事，他表示“你懂的，亚当，这世上有气动铆钉枪”，如果他是我的话，肯定会用铆钉枪。不幸的是，我不是他，也从来没听说过那玩意儿。他从模型工作室里找出了一把给我看，我立刻想收一把。但经过一番考察，我发现这种工具相当昂贵，高端一些的售价200美元。那可是实实在在的真金白银啊！而当时我只用铆钉做过一个大项目（还是个私人项目），所以觉得没有理由花钱购入一把。

后来有一天，我在翻阅在线商城“港口货运工具”的产品目录时，发现了一把售价25美元的气动铆钉枪，便立刻下了订单。我觉得这值得一试，毕竟我从小就爱用铆钉（这可以追溯到高中时期制作的《黑暗时代》骑士盔甲），接下来也可能遇到涉及铆钉的项目，到时候这件工具就能派上用场了。

事实证明，我的想法百分百正确。那把售价25美元的铆钉枪在报废之前，被我用过很多次。它只坚持了不到三个月（毕竟一分钱一分货），但足以让我意识到，气动铆钉枪能完美融入我的工作流程。因此，等它彻底报废以后，我毫不犹豫地购入了昂贵的高端款，因为知道肯定用得上。如果你了解自己使用的工具，购入高档货就像在做投资，能为你带来多方面的回报。它们的使用寿命比便宜货长得多（时隔20年，我还在用那把气动铆钉枪），而且出故障的概率更低，更容易维修，性能也更好。最重要的一点是，它们通常用起来也更趁手。

增加种类与数量

一旦你习惯并熟练使用自己收集的工具，就会渐渐意识到，每种工具可能需要不止一件。请别误会，我不是说一款工具需要好几把一模一样的（不过，如果你像我一样制造理念中有“取用便捷”这一条，这么做也合情合理）。我的意思是，同一种基本工具需要多种不同款型或不同样式的。例如，锤子就有很多种。你可能得花上一辈子的时间，才能集齐世界上所有款式的尖嘴钳。那么凿子呢？我觉得，凿子的种类或许比可用于雕琢的木材种类还要多。

它们之所以种类如此丰富，并不是为了让你买工具买到破产。虽说你通常会在买工具上花很多钱，但那是针对特定用途，有时甚至是单一用途的。例如，20世纪90年代初期的某一天，我在杰米工作室里干活时，需要切割一块亚克力板。亚克力是一种极其易碎的塑料，虽然也能用普通台锯切割，但最好不要那么做，因为那样会形成粗糙的切口，而且材料很容易在切割过程中整个碎裂（我亲眼看见过），总之就是不推荐。如果想得到清晰干净的切口，最好是使用专门切割亚克力的锯片。这种锯片通常能做到“零切痕”（锯齿边缘不会超过锯片本身的宽度）加上“三重齿”（在绕锯片一圈的锯齿中，第一枚锯齿略微向左倾斜，第二枚完全垂直，第三枚略微向右倾斜，以此类推）。我说不好为什么这种锯片特别适合切割亚克力，而且切口特别清晰干净，但请相信我，它之所以价格高昂，正是出于这个原因。

如果你经常切割亚克力，拥有这样的锯片会非常方便。此外，使用时需要格外谨慎，采用适当的方式。不过，在一间人头攒动的工作室里，这说起来容易做起来难。总会有人换上专用锯片切割塑料，然后忘了卸下放回原处。下一个人可能会用它切胶合板，再下一个人可能会用它切铝板，没有人留意用的是哪种锯片。这样你那昂贵的零切痕、三重齿亚克力专用锯片，可能在不知不觉中就报废了。这种事在杰米的工作室里发生过不止一次，气得某人在放塑料专用锯片的货架上贴了一张便条：

"嘿，小滑头！对，说的就是你！祝你的切割效果顶呱呱。但看在老天的分上，用完后请把锯片放回保护套。做人别太不要脸！"

多年后，我用自己的血汗钱，购入了属于自己的零切痕、三重齿神奇锯片。这一回，我贴的便条简明扼要：

"塑料专用！"

我能感觉到，拥有一款如此昂贵的专用锯片，代表我作为创客和工作室老板正走向成熟。与此同时，这么做似乎也有点奢侈。我们真的需要这么多不同的锯片吗？我们一定得用23种不同类型的锤子吗？当然，答案是肯定的。但直到跟《连线》杂志的创始编辑兼工具发烧友凯文·凯利聊过后，我才真正弄清为什么创客应该拥抱多样性，以及自己为什么拥有这么多工具。

"著名物理学家弗里曼·戴森指出，科学进步得益于新工具的发明。"某天早上，我们通电话时聊起了各类工具，凯文说道，"望远镜发明之后，突然出现了天体物理学家和天文学，科学向前迈进了一步。显微镜的发明为我们打开了生物学的微观世界。从广义上说，科学进步得益于新工具的发明，因为当你拥有这些工具后，它们会为你提供一种全新的思维方式。"

凯文形容的正是我获得一件新式工具和首次使用它的感受。它能使我轻松完成任务，比传统工具轻松得多，而且使用起来极为便捷。这总会让我兴奋不已，浮想联翩，忍不住设想还能用它做些什么。

“对于做手艺活的人来说，更换工具也能带来新创意。这会为他们提供观察世界的全新视角，开辟充满无限可能的新空间。工具有助于你探索这一空间。”

这话没错。

“年轻的时候，你认为自己只有某些选择，但通常来说，一种新工具将开启一个全新的空间，你甚至都不知道那个空间的存在。而进入那个空间的方式就是掌握那件工具。”

说得太对了！

“之所以会有这样的顿悟，是因为你了解了使用那件工具的感觉，意识到可以用它做各种各样的事。突然之间，你充满了力量，眼前有了一个过去闻所未闻、充满无限可能的空间可供探索。”当我坐在“洞窟”的工作台边，盯着贴有“剪刀”标签的抽屉时，凯文如是说。凯文刚才说的每句话都与抽屉里的东西息息相关。

你可能会认为，一间工作室只需要一把剪刀。或者像我一样，三把剪刀战略性地分布在工作室的不同地方。但是，伙计，情况根本不是这样。事实上，有几十种不同的材料需要用到不同的剪刀。

例如，你可以在杂货店的五金区买到普通剪刀。它们挺不错的，价钱便宜，可以随便用，用坏了就再买一把。我就是这么做的。

此外，还有用于剪金属板的铁皮剪。普通剪刀能剪开金属薄片，但对比锡箔纸厚的金属制品来说，就需要用上好的铁皮剪了。请买一把尺寸适中、用着顺手的。使用时请戴上手套，因为被金属片割伤可得跑医院。请相信我，我有过亲身体验。

除了铁皮剪，你还需要一把医用剪刀。这种剪刀的刀刃又窄又薄，适合伸进狭窄的地方。我的急救箱里有一把，模型制作工具架上还有一把。它们派上用场的机会比你想的多得多。

接下来还有线头剪，用于修剪你刚刚缝好地方的多余线头。当然，你也可以用大剪刀来剪线头，但线头剪是专门用来做这个的。它们小巧实用，易于操作，比大剪刀好用得多。等你用过它们以后，肯定会来感谢我的。而且，它们的价格也不高，所以不妨一次在网上买十套，别客气！

最后，还有裁布剪。上好的裁布剪是创客工作室里唯一必备的剪刀。不仅如此，你还要像保护亚克力锯片一样悉心呵护它。具体来说就是，永远不能让别人拿你的裁布剪去裁纸。

没有多少人知道，裁纸会让金属刀刃变钝，程度远远超过裁剪其他东西。从材料学的角度来看，构成纸张的纤维和其他材料会损伤金属刀刃。有些铜版纸的黏土含量高达30%，而黏土是一种研磨剂；有些再生纸则由垃圾制成，其中包含微小的金属碎屑。所以说，裁纸对任何剪刀来说都不是好事，尤其是裁布剪。这就是为什么我用涂改液给工作室里的每把剪刀都做了醒目的标记："不想死就只裁布！"

我是从1995年开始这么做的。当时，我在给一档电视节目做特效，恰巧看见一名制片助理拿起我价值100美元的上好裁布剪，去剪一支假花的花茎。你可能不知道（他当然更不知道），塑料假花的花茎内部有一圈结实的钢琴线，能给刀刃留下永久的划痕，让它们彻底报废。

我赞成凯文·凯利的观点，工具是通往全新空间的大门。我认为，如果你工作室里的某件工具只有一种用途，只能用来做一件事，那就太奢侈了。你需要记住，你之所以能走到现在这一步，并不是因为买来亚克力专用锯片取代了组合圆锯片，买来室内装饰锤取代了标准的羊角锤，买来裁布剪取代了便宜的普通剪刀。你之所以能走到这一步，是因为积累了一系列经验。你是在制造过足够多的东西（包括犯错）之后，才了解了自己的工作流程，知道了拥有最适合工具的好处。

机密特殊工具

至于“获取工具”的最高层次，光靠个人力量是无法企及的。你必须依靠创客社区、合作者、同事和客户的提携。如果没有经验更丰富的人与你分享，你永远都不会知晓那些工具（以及相关技能）。

多年来，有很多人跟我分享过工具，其中包括日本拉锯、量角尺与三角板（30年来，我一直沿着它们的金属边缘切割东西），以及让我目瞪口呆的木工平翼钻（我发现存在这种工具时真是大吃一惊）。我还记得，别人向我介绍宝塔钻头之后，我对一位工程师朋友炫耀说：“伙计，我有个钻头，能在0.8毫米厚的亚克力板上钻出直径2.5厘米的孔，而且不会让亚克力板碎掉。”他惊讶地大喊：“不可能！”

如果说电影摄制组是一群解决问题达人，那么模型工作室就是一群发明家的聚会。在工业光魔公司的模型工作室，我们最爱做的一件事就是交换令人惊讶、极具创意的工具、技艺和诀窍。它们像电流一样在工作室里迅速传播，让每个人都受益匪浅。例如，我就分享过一个人见人爱的小技巧。

当时，我在给电影《太空牛仔》制作模型。我们要制作一颗约3米高的俄罗斯卫星，表面有12枚雷达天线。我的任务是做出雷达天线的微缩模型，它们看起来就像是碗状的钢制桁架。

制作这类东西很简单，只要把众多苯乙烯细条黏合起来，组成桁架的形状就行。但这种方法极其费时，而我只有几天时间。所以，我不得不做个创新。

我找了块1毫米厚的亚克力板，用激光切割出框架的造型，又用木工车床雕刻出了一个直径约17.8厘米的“碗”状模具。随后，我把“碗”放在加热元件底下，将扁平的激光切割框架搁在“碗”上面，然后加热亚克力，直到它融化成碗的形状。通过这种方法，我在几个小时内就做出了十几枚雷达天线。

我多做了一枚雷达天线留给自己。制作自己心仪的物品时，模型制作师常常会这么做。嘘，请保密。

曾担任电影《星球大战》模型制作师的洛恩·彼得森从我的办公桌边经过，对我的做法很好奇，就顺口问了一句。他真的很喜欢这个解决方案，后来又讲给了很多人听。当天晚些时候，我的大多数同事都故意经过我的办公桌，仔细打量这项新工艺，思考怎么才能将它融入自己的项目。

有一次，某个新来的模型制作师不小心用钢丝球刮花了一大块吸塑成型的透明玻璃，那块玻璃原本是要用在科幻电影《人工智能》中一栋建筑物上的。我们谁也不知道他要怎么解决这个问题。从一大块亚克力板上祛除微小划痕（需要干净到可供拍摄）几乎是不可能的。作为模型制作师，我们都有过类似的惨痛经历。悲剧之处在于，制造窗户的模具坏了，所以没法重做一扇。这意味着他别无选择，只能修好那扇窗户。他最终拿出的解决方案既绝妙又吓人：

他戴着化学呼吸器，将能溶解亚克力的液态焊接胶倒进搁在电磁炉上的煎锅里，不断加热胶水，直到它开始蒸发。然后，他将窗户固定在煎锅上方，离锅只有一小段距离，让滚烫的焊接胶蒸汽抚平微小的划痕。这个操作的疯狂程度同美剧《绝命毒师》里的制毒师有的一拼，但这番努力确实奏效了。这绝对属于“切勿在家尝试”级别的秘密技巧！就我个人而言，我永远不会在任何地方尝试（光是想象一下“加热有毒溶剂”，我就会不寒而栗），但这并不妨碍大家津津有味地谈论了好几周。而且我敢肯定，我在工业光魔公司的一些老同事早就将这项技能融会贯通了。遇到需要解决的问题时，创客往往会这么做：将箭袋里的利箭一一取出，直到找出能击中靶心的那支。

在撰写本书的过程中，我有幸接触过几位伟大的创客，下面是他们提供的一些“利箭”。其中一些工具你可能早就了解，甚至早已拥有，但它们都是某位伟大创客在别人介绍前从未听说过，而在试过后惊叹不已的。请想象一下，对你来说，世界上有多少种类似的工具？

“开放作品”创客空间的驻场艺术家简·沙赫特：数显卡尺

“我还记得，别人第一次向我介绍数显卡尺的时候，我简直惊呆了。有了它们，你就可以用三四种不同的方式测量尺寸了。”

道具制作师兼泡沫塑料工艺大师比尔·多兰：磨刀棒

“切割EVA塑料泡沫容易让刀变钝。第一次制作游戏《质量效应》里的盔甲时，我切割所有东西都用美工刀，每切五次就要扔一块刀片，再切五次，再扔一块。为了做那件盔甲，我大概扔掉了100块刀片，而且速度很慢。有了磨刀棒以后，我只需要迅速磨上几下，就能在塑料泡沫上留下干净漂亮的浅刀痕。”

《创客》杂志主编马克·弗伦菲尔德：头戴式放大镜和软管挤压器

“这款头戴式放大镜是我从亚马逊网站上花10美元买的。我从来没想过，自己竟然会随时随地用到它。你可以把它像束发带一样戴在头上，将它巨大的镜片往下翻，盖在眼睛上。它有好几层不同的镜片，便于调整放大倍数。

“我会用软管挤压器做很多事。它是个漂亮的铸铝工具，带有挤压用的锯齿。但最酷的不是挤压，而是两个锯齿状的柱体，你可以把软管从中间穿过去——比如颜料管或牙膏管——它绝对能榨出里面最后一滴物质。它实在是太棒了，而且材质超好，永远不会断裂。”

木工大师兼演员尼克·普罗德曼：刮板

“刮板就是一片薄钢板。你可以买现成的，也可以随便用什么材料自己做。请想象一块7厘米×12厘米的矩形钢片，大约0.85厘米厚。你把它卡在钳台上，然后拿起一把螺丝刀或一根打磨过的钢棒，垂直于钢片的长边，朝一侧倾斜4～7度，往下按压，打磨钢片的边缘，留下少许毛边。这么一来，你就得到了一块带少许毛边的矩形钢片。接下来，将这条毛边作为前端，用双手按住钢片，使它微微弯曲。然后，你就可以借助这条毛边摩擦木材表面，刨出比手刨更细的刨花了。它是最棒的！”

我完全赞同。

后记：每日清理

我的几个孩子还小的时候，每年圣诞节我们都会买一棵真正的圣诞树，全家人一起给它做装饰。我一向负责挂彩灯。每年，我都要往树上挂五六条星星灯串，真是烦死个人了。圣诞树被拽回家，固定在底座上之后，我就会打开贴着“去年用过的装饰灯”标签的盒子，瞪着绕成一团的电线、灯泡和插头发呆。就算不庆祝圣诞节，你也知道解开一大堆乱糟糟的绳子有多难。你懒得花上几个小时把它们解开，但又明知不得不这么做。就算有些年份情况稍好一些，那也是纯属偶然，而不是因为我做了什么。

有一年，到了卸下圣诞装饰的时候，我手边刚好有个装邮件用的空纸筒。我灵光一闪，抓住圣诞树顶的灯串末端，把它固定在纸筒上，然后绕着树转圈子，边走边转动纸筒，把灯串缠在上面，就像理发店门口的三色旋转灯柱一样。最后，五六条灯串全都完美地盘绕起来，方便放回指定的装饰收纳盒。收纳完毕，我就把这件事抛在了脑后。

一年后，下一个圣诞节即将来临，我像往常一样拽出了所有圣诞装饰。打开装灯串的盒子后，我惊喜地发现，里面井然有序。盒子里是我去年用邮件纸筒缠起的灯串，绕得整整齐齐，就等挂上圣诞树了。

我的第一反应是震惊——既为这个解决方案的独到之处而震惊，也为自己完全忘了这件事而震惊。不过，震惊很快就变成了感激，感激自己一年前花了时间，拯救了眼下的我。

“谢谢你，过去的我！”我对自己说。

“不客气，未来的亚当！”过去的我回答说。

不过，让我心中充满感激的不光是井然有序的圣诞灯串，还有它们代表的平静与平衡，因为有序与平和并不是我与生俱来的特色。

如今的我是个井井有条的创客，但过去的我恰恰相反。我曾经是个脏乱差的家伙，说直接点就是一团糟。我在布鲁克林第一间工作室的地板上堆满了垃圾，全是我淘回来准备制作艺术品的。这根本不算什么，或者更确切地说，这只是冰山一角。缺乏条理也影响到了我的个人生活。我是个脏乱差的家伙，也是个脏乱差的室友，跟我合住的家伙简直是倒了八辈子霉，因为我整个人从里到外都是一团糟！

我在意的永远是下一个项目，根本没耐心思考一件事：无论是从短期还是长远来看，花时间做清理都大有裨益。有人来访之前我会打扫卫生，但除此之外，再凌乱的环境我也能忍下去。住在布鲁克林的时候，我把盆栽植物搁在暖气片上。有一天，我正睡得香，猫咪瑞吉打翻了一盆植物，正好砸中我脑袋。在我称为“卧室”的小隔间里，泥巴、根茎和枝叶撒满了被褥，而我只是掸了掸床单和毯子上的泥巴，又在那张床上睡了两周多，才想起来该洗一洗了。有很长一段时间，我的日子过得就是这么糙！

后来，我正式结束了脏乱差的阶段，慢慢地变成了一个有条理的人，领会到了“整洁”的好处。对此，除了我老妈，没有人比我更惊讶了。上高中的时候，我的房间乱得惊天地泣鬼神：在用乐高积木砌成的巨型城市之间，散落着许多尚未完工的模型和角色扮演服装。直到今天，在把两个儿子养大成人之后，我才明白，那种凌乱只是青春期的标志。现如今，人们公认这种情况会持续到二十多岁。对我来说，确实如此。

不过，结束青春期还不足以让我告别自己一手打造的“猪圈”。还有别的事发生。我内心的某个地方发生了某种变化，让我从“不愿意花时间清理”变成了“热衷于整理工作空间”。

从脏乱到整洁

这种转变并非一蹴而就，而是一个渐进的过程。它始于20世纪90年代后期。当时我已接近而立之年，在教会区的巴特利特街买下了第一间公寓，在公寓的地下室里认认真真做起了自由职业。

位于巴特利特街的工作室是我自行设计的第一个空间，第一个真正适合我、满足我需求的空间。在那里，我形成了后来经久不变的工作理念。大部分时间，那里都是个垃圾堆。但到了最后两年，我开始在结束工作上楼前做些清理。真想不到，这让工作室变成了一台效率更高、运行更顺畅的机器。无论是从心理还是身体层面来看，它都释放了我的头脑和双手，为我提供了做不同项目的空间。终于，我意识到了花时间做清理的好处。

开始拍摄《流言终结者》之后，我更重视做清理了，因为我没法经常打扫，而且知道自己错过了什么。全力投入制作的时候，我们每年要拍摄超过200天。这就意味着，在不太忙的月份里，我最多也只能在工作室里待上几个小时。我精简了工具，只留下能迅速得出精准结果的那些，以便充分利用我仅有的一点点时间。但这通常意味着，我不得不匆匆赶去拍摄，丢下乱糟糟的工作室不管，可能要几周后才能回来。

等我有一周或更长时间能集中精力干活的时候，可能得先花几个小

巴特利特街的工作室。约合12米深，3.6米宽。我在这里奋斗了7年，其中有4年靠在这里工作养家糊口。

时做清理，才能让工作室恢复正常运转。这完全行不通！所以后来，无论我隔多久才去一趟工作室，每次离开前都必须花点时间整理一番。这是权衡利弊的结果，但这么做让我受益匪浅。

2011年搬进“洞窟”的时候，这么做的好处是如此明显，以至于它与“看似嘈杂”和“取用便捷”一样，成了我工作室理念的支柱。直到今天，每天结束工作后，我都会收拾工具并清扫整理。

当然，我并非总是愿意这么做。很多时候，某个项目让我挫败不堪，我简直不想多看它一眼，而且时间已经很晚了，我迫不及待想回到宁静温馨的家里，因为那里没有一大堆失败等着我。不过，我看了一眼工作室，看见当天项目留下的满目疮痍：工作台上散落的工具、随处可见的电源延长线、成堆的螺栓和螺钉，还有刨下来的木屑、铝屑或钢屑。我只知道，如果第二天早上开工前这些东西没有清理好，我工作的动力就会大受影响。

我每天结束工作后都会清理打扫，这套策略是为了保持工作的动力。如果工作室里杂乱无章，我就不得不以“把所有东西收拾好”开启一天的工作。那就像穿上铅做的鞋子迈步向前，会大大影响我工作的动力。我这个人喜欢“迅速搞定”，遇到复杂项目时喜欢通过反复试错找出最佳方案。对我这种人来说，“以清理开启一天”就像用缠成一团的灯串装饰圣诞树——那跟直接烦死我没两样。

但如果工作室干净整洁，我迈过门槛，看着空荡荡的工作台，还有工具“各就各位”的货架，我把当天要做的项目放下来，思考要如何开启新的一天，空气中就会充满无限可能。拿起第一件工具的感觉棒极了，似乎就该这样！如果可以的话，为什么我不像这样开启每一天？只需要每天结束工作后花上15 ~ 20分钟做清理，就能换来第二天6小时、8小时甚至10小时的高效工作。

弄清如何存放圣诞灯串后，我与自己展开了一场对话，其中的精髓是：每天打扫并收拾工具是“现在的我”与“未来的我”的对话。“现在的我”意识到，“未来的我”会想要保持创造的动力。而在工作的关键阶段，如果需要寻找工具或穿过整间工作室去拿取工具，就会拖慢创造的步伐，乃至威胁到整个项目。

在讲述工作室实践理念的短片《十诫》中，汤姆·萨克斯用整整一节介绍如何做清理。我向汤姆提到了我的想法，也就是“做清理始终是现在的我与未来的我之间的对话”。汤姆指出，清理也是反思的重要时刻。他甚至将做清理视为冥想：

“我认为，你说的是某种形式的冥想或反思，因为在做清理的时候，你会盯着某堆木头看，将自己的想法与当下做的事联系起来，思考它与你做的事有什么联系，以及它与你下一步要做的工作有什么联系。在这么做的同时，你将自己锚定在当下，锚定在你做的事，也就是做清理上。当时，你也在思考当下做的事与过去及未来的联系。这就是所谓的计划与反思。”

确实，计划与反思不仅是做清理的一部分，也是制造的关键。说到底，构思、绘制草图和列清单不都是做计划的方式吗？勾选框、试验和制作全尺寸模型，不是恰恰反映了你曾经做过和想要去做的事吗？

直面自己

我深信，工作室是个神圣的空间。在工作室里，我们会像虔诚的祈祷者一样，专注于对自己来说非常重要的事：我们正在制作什么？想要制作什么？如何解决做项目时遇到的问题？通过努力实现什么样的目标。为了做到最好，我们必须勇于冒险，勇于直面自己。

我说的“直面自己”，是指观察自己的习惯并从中学习，根据获得的信息做出改变，从而提升自我。我的意思是，抛开对“项目应该如何进行”的偏见，按照“项目想要如何进行”行事。理解“应该”与“想要”之间的差别，尊重两者之间的鸿沟，正是充分发挥创客潜力的关键。这也是大师级工匠的重要特质。

从根本上看，制造就是一个构想与构建的过程，两者有一定的联系，但不是一回事。我们构想的东西不会是最终构建的，而我们构建的东西也不会是最初构想的。没有哪件事会完全按照计划进行，“直面自己”意味着要接受这个事实，接受“制造实物就是在某种程度上放弃对自己最初设想的掌控”。

要想做到这一点，你就需要聆听脑海中的某些声音，忽略其他声音。你需要聆听项目，聆听工作室，关注它的需求。如果工作室杂乱无章，声音就会非常嘈杂。干净整洁的工作室则会十分安静，它才是真正适合反思的地方。“反思”（reflection）这个词妙极了，因为我既是指汤姆所说的“冥想”，也是指实实在在的“反映”——工作室的状态反映了创客的状态。

制造空间（或录音棚、绘图桌或缝纫机）是创客安全体验成败起落的地方。我们可以搞砸，而不需要以性命为赌注；我们可以成功，而对成功的巨大期待不会立刻落在我们肩头。工作室是我可以假装能在一定程度上掌控宇宙秩序的地方，花时间安排先后次序、做到取用便捷和整洁干净，能让你意识到自己真正重视的东西。

我同意汤姆的说法，每天做清理是一种冥想。就像超验冥想的唱诵词一样，这种冥想必须是一种对你个人和制造工作有效的冥想。汤姆还说过：“结束一天的工作后，花时间打扫并将东西放置整齐，是一种反思工作的方式。而将所有东西收拾起来，有助于你第二天轻松开启工作。但我认为重要的是，这一切都是为了让它如何为你工作，这是一种乐趣。”

走进干净整洁的工作室并在里面工作，如今已成了我最大的乐趣。我离开的时候，工作室通常都是一尘不染，但偶尔也会有例外。我仍然会碰上这样的日子：搭建工作很不顺利，我实在是一分钟也待不下去了。有时候，我还是需要“踩下刹车”，立刻结束糟糕的一天。

遇到这样的时候，我不会责备自己，只会直面自己，并努力对自己温柔一些。“现在的我”会与“未来的我”低声交谈，保证这不会形成习惯，第二天，重整旗鼓的“未来的我”会回答说，偶尔大爆发一下也没关系。

你也一样。在制造的世界里，你拥有足够的空间；我们每个人都拥有足够的空间。

致谢

写这本书比我想象的更令我振奋，更有教育意义，更充满挫败感，更给我启发，也更艰难坎坷。如果没有那么多人的慷慨相助，光凭我一个人根本做不到。感谢德鲁·柯蒂斯很久以前就鼓励我写下这本书。感谢伯德·莱弗尔让这本书步入正轨。感谢尼尔斯·帕克教会了我写作的架构，以及如何优雅地应对压力。还要感谢马修·本杰明，他热爱书籍，将书籍视为重要的文化对象和变革的推动力。

在此，还要感谢我早年的导师们。感谢我老爸提供的建议和他给我树立的榜样。感谢杰米·海纳曼教会了我怎样做老板。感谢米奇·罗曼诺斯基传授给我数不胜数的技能。此外，这本书还要归功于与我共事过的所有同人。由于人数众多，在此就不一一列出了，但你们自己知道有谁。我还想大声感谢我有幸结识的所有年轻创客，他们每天都在激励我不断前进，千真万确！

最后，感谢我的家人，尤其是我太太。感谢她对我的无限信任，还有她古怪又奇妙的幽默感。

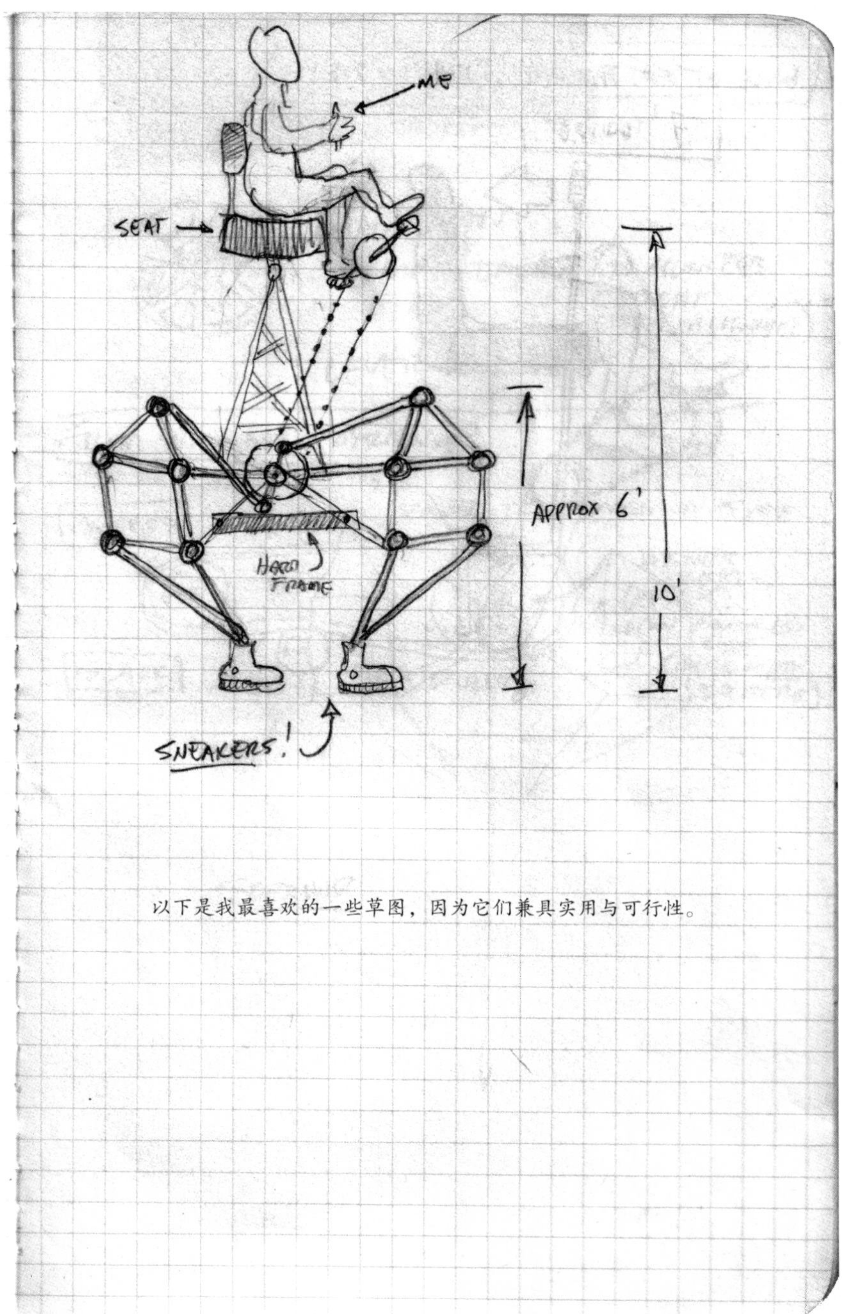

以下是我最喜欢的一些草图，因为它们兼具实用与可行性。

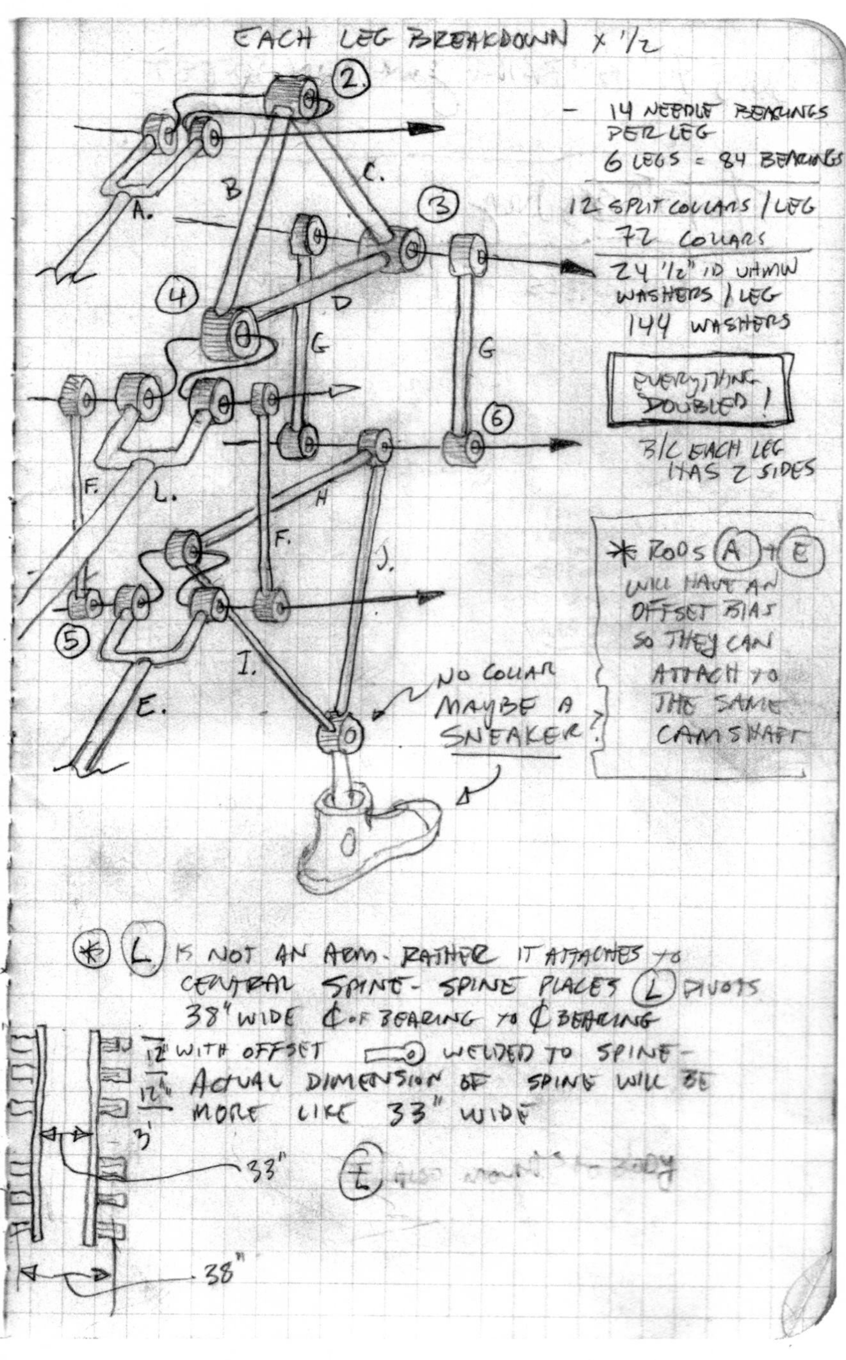

EACH LEG BREAKDOWN x 1/2
2
- 14 NEEDLE BEARINGS PER LEG
6 LEGS = 84 BEARINGS
12 SPLIT COLLARS / LEG
72 COLLARS
24 1/2" ID UHMW WASHERS / LEG
144 WASHERS
EVERYTHING DOUBLED!
B/C EACH LEG HAS 2 SIDES
A.
B
C.
3
4
D
G
G
6
F.
L.
H
F.
J.
5
I.
E.
NO COLLAR MAYBE A SNEAKER?
* RODS A + E WILL HAVE AN OFFSET BIAS SO THEY CAN ATTACH TO THE SAME CAMSHAFT
* L IS NOT AN ARM - RATHER IT ATTACHES TO CENTRAL SPINE - SPINE PLACES L PIVOTS 38" WIDE ¢ OF BEARING TO ¢ BEARING
12" WITH OFFSET WELDED TO SPINE -
12" ACTUAL DIMENSION OF SPINE WILL BE MORE LIKE 33" WIDE
3'
33"
38"

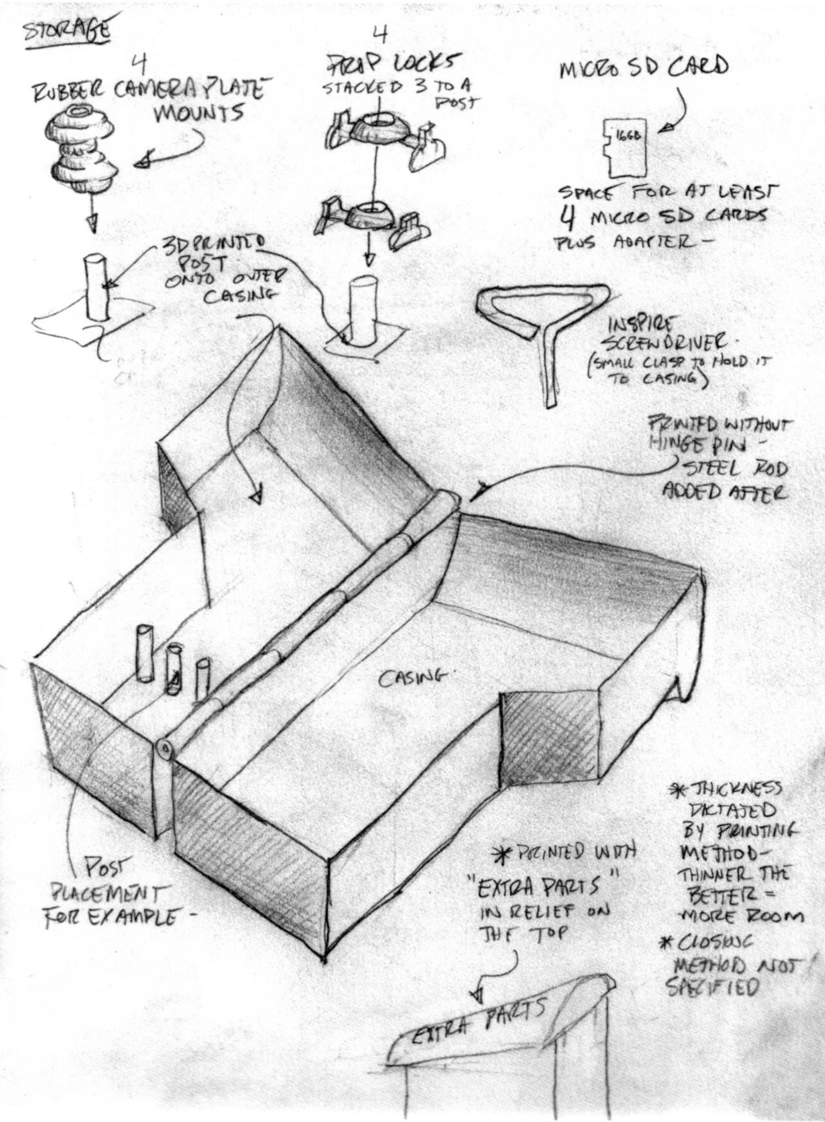
STORAGE
4
RUBBER CAMERA PLATE MOUNTS
4
PROP LOCKS
STACKED 3 TO A POST
MICRO SD CARD
16GB
SPACE FOR AT LEAST 4 MICRO SD CARDS PLUS ADAPTER -
3D PRINTED POST ONTO OUTER CASING
INSPIRE SCREWDRIVER -
(SMALL CLASP TO HOLD IT TO CASING)
PRINTED WITHOUT HINGE PIN - STEEL ROD ADDED AFTER
CASING
POST PLACEMENT FOR EXAMPLE -
* PRINTED WITH "EXTRA PARTS" IN RELIEF ON THE TOP
* THICKNESS DICTATED BY PRINTING METHOD - THINNER THE BETTER = MORE ROOM
* CLOSING METHOD NOT SPECIFIED
EXTRA PARTS

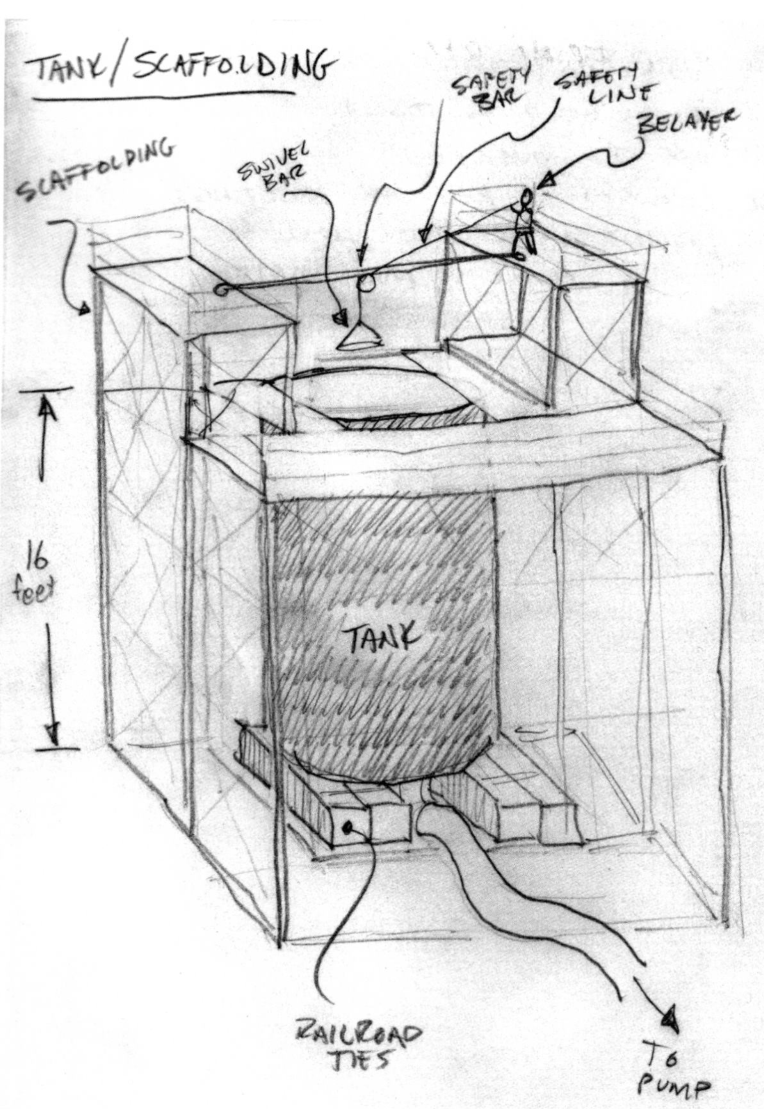
TANK/SCAFFOLDING
SAFETY BAR
SAFETY LINE
BELAYER
SCAFFOLDING
SWIVEL BAR
16 feet
TANK
RAILROAD TIES
TO PUMP

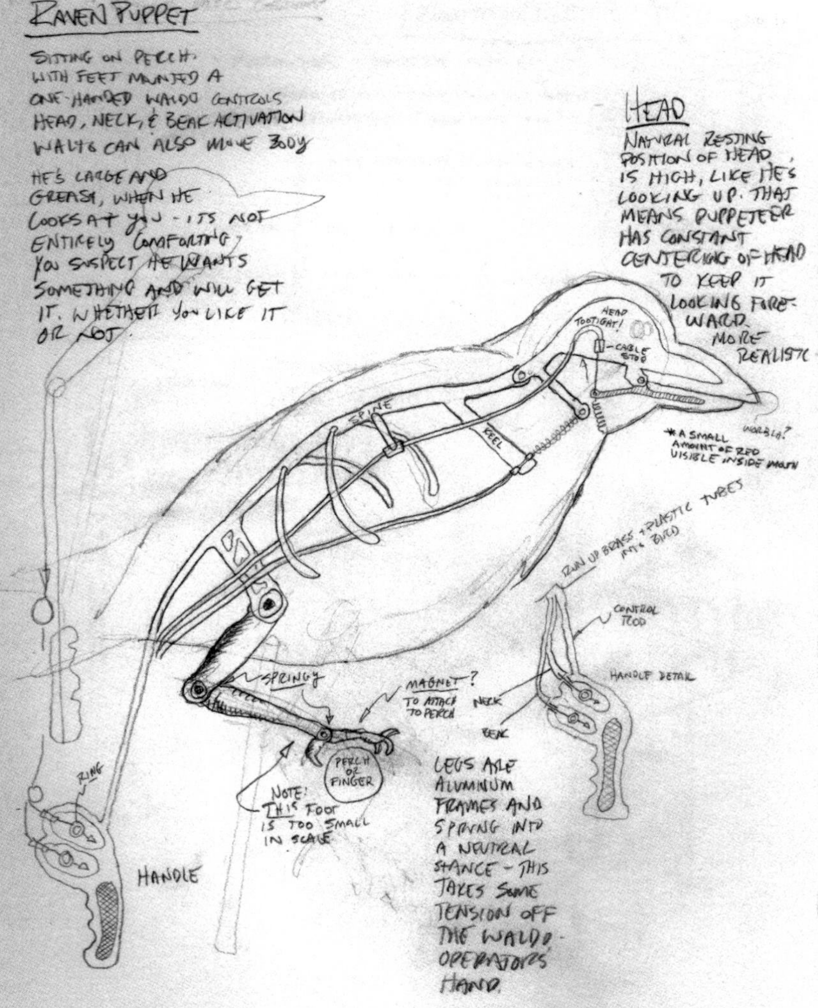
RAVEN PUPPET
SITTING ON PERCH.
WITH FEET MOUNTED A
ONE-HANDED WALDO CONTROLS
HEAD, NECK, & BEAK ACTIVATION
WALDO CAN ALSO MOVE BODY
HE'S LARGE AND
GREASY, WHEN HE
LOOKS AT YOU - ITS NOT
ENTIRELY COMFORTING
YOU SUSPECT HE WANTS
SOMETHING AND WILL GET
IT. WHETHER YOU LIKE IT
OR NOT.
HEAD
NATURAL RESTING
POSITION OF HEAD,
IS HIGH, LIKE HE'S
LOOKING UP. THAT
MEANS PUPPETEER
HAS CONSTANT
CENTERING OF HEAD
TO KEEP IT
LOOKING FORE-
WARD
MORE
REALISTIC
HEAD
TOO TIGHT!
CABLE
STOP
SPINE
KEEL
*A SMALL
AMOUNT OF RED
VISIBLE INSIDE MOUTH
RUN UP BRASS + PLASTIC TUBES
INTO BIRD
CONTROL
ROD
HANDLE DETAIL
NECK
BEAK
SPRINGY
MAGNET?
TO ATTACH
TO PERCH
PERCH
OR
FINGER
NOTE:
THIS FOOT
IS TOO SMALL
IN SCALE
RING
HANDLE
LEGS ARE
ALUMINUM
FRAMES AND
SPRING INTO
A NEUTRAL
STANCE - THIS
TAKES SOME
TENSION OFF
THE WALDO-
OPERATORS'
HAND.

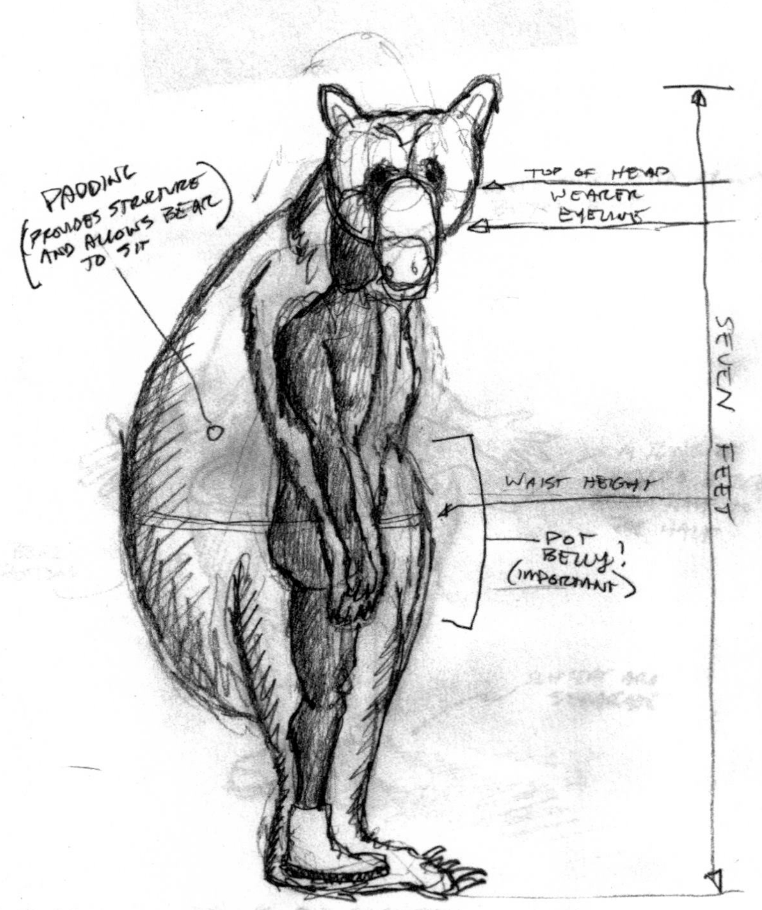
PADDING
(PROVIDES STRUCTURE AND ALLOWS BEAR TO SIT
TOP OF HEAD
WEARER EYELINE
SEVEN FEET
WAIST HEIGHT
POT BELLY!
(IMPORTANT)

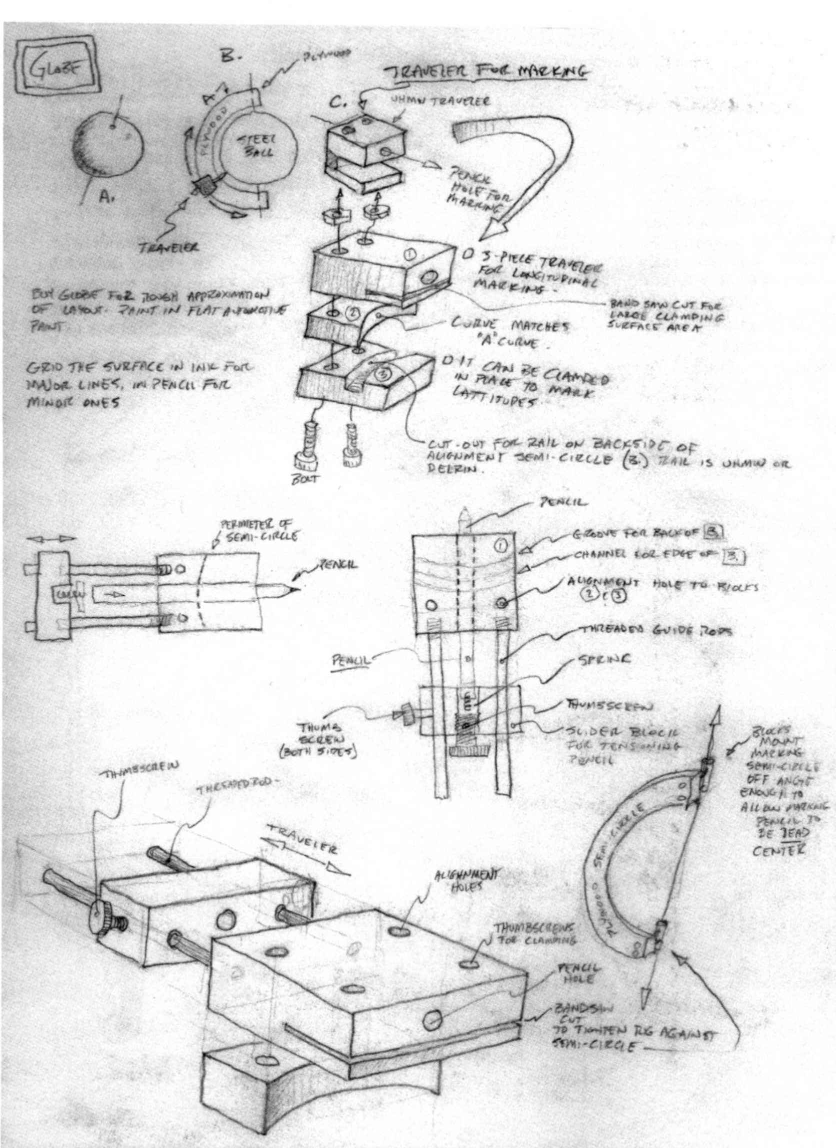
GLOBE
B.
PLYWOOD
TRAVELER FOR MARKING
C.
UHMW TRAVELER
STEEL BALL
PLYWOOD
A.
PENCIL HOLE FOR MARKING
TRAVELER
3-PIECE TRAVELER FOR LONGITUDINAL MARKING.
BUY GLOBE FOR ROUGH APPROXIMATION OF LAYOUT. PAINT IN FLAT AUTOMOTIVE PAINT
BAND SAW CUT FOR LARGE CLAMPING SURFACE AREA
CURVE MATCHES "A" CURVE.
GRID THE SURFACE IN INK FOR MAJOR LINES, IN PENCIL FOR MINOR ONES
IT CAN BE CLAMPED IN PLACE TO MARK LATTITUDES.
CUT-OUT FOR RAIL ON BACKSIDE OF ALIGNMENT SEMI-CIRCLE (B.) RAIL IS UHMW OR DELRIN.
BOLT
PENCIL
PERIMETER OF SEMI-CIRCLE
PENCIL
GROOVE FOR BACK OF B.
CHANNEL FOR EDGE OF B.
ALIGNMENT HOLE TO BLOCKS 2 & 3
THREADED GUIDE RODS
PENCIL
SPRING
THUMBSCREW
THUMB SCREW (BOTH SIDES)
SLIDER BLOCK FOR TENSIONING PENCIL
THUMBSCREW
THREADED ROD
TRAVELER
BLOCKS MOUNT MARKING SEMI-CIRCLE OFF ANGLE ENOUGH TO ALLOW MARKING PENCIL TO BE DEAD CENTER
SEMI-CIRCLE
ALIGNMENT HOLES
THUMBSCREWS FOR CLAMPING
PENCIL HOLE
BANDSAW CUT TO TIGHTEN RIG AGAINST SEMI-CIRCLE

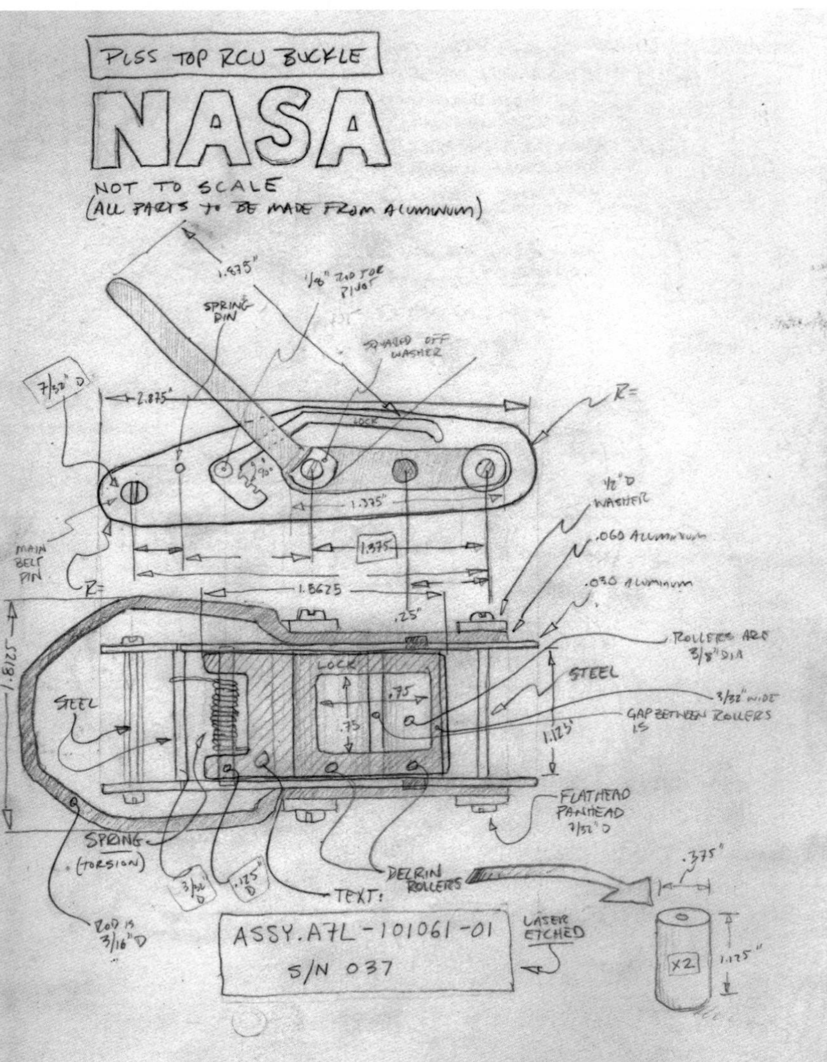
PLSS TOP RCU BUCKLE
NASA
NOT TO SCALE
(ALL PARTS TO BE MADE FROM ALUMINUM)
1.875"
SPRING PIN
1/8" ROD FOR PIVOT
SQUARED OFF WASHER
7/32" D
2.875"
R=
LOCK
1.375"
1/2" D WASHER
MAIN BELT PIN
1.375
.060 ALUMINUM
R=
1.8625
.030 ALUMINUM
.25"
ROLLERS ARE 3/8" DIA
1.8125
LOCK
STEEL
STEEL
.75
3/32" WIDE
.75
GAP BETWEEN ROLLERS IS
1.125"
FLATHEAD PANHEAD 7/32" D
SPRING (TORSION)
3/32" D
.125" D
TEXT!
DELRIN ROLLERS
.375"
ROD IS 3/16" D
ASSY. A7L-101061-01
S/N 037
LASER ETCHED
X2
1.125"

亚当·萨维奇（Adam Savage），制造者、设计师、电视节目主持人、制片人、丈夫和父亲。他与杰米·海纳曼（Jamie Hyneman）合作主持探索频道《流言终结者》（*MythBusters*）节目（共计278小时）长达十四年。后来，他还主持了2019年的衍生剧《少年流言终结者》（*MythBusters Jr.*）和另外几档电视节目。他在个人网站Tested.com上制造东西并讲述自己的故事，与妻子、双胞胎儿子和两只爱犬生活在旧金山。《所有工具都是锤子》是他撰写的第一本书。